项目 1

项目 2

项目 3

项目 4

项目 5

U0392996

项目 6

项目 7

项目 8

项目 9

项目 10

项目 11

项目 12

项目 13

项目 14

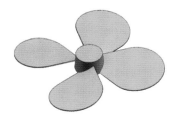

项目 15

项目 16

项目 17

项目 18

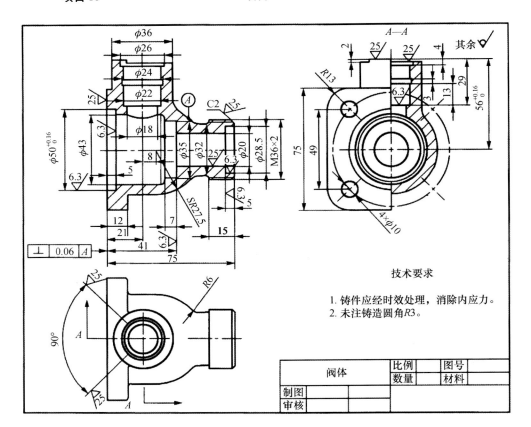

项目 19

普通高等教育"十二五"规划教材

全国高职高专规划教材·机械设计制造系列

UG NX 项目教程

主　编　史立峰

副主编　刘　力　杨　坡

参　编　姬彦巧　苗君明　张再雄

北京大学出版社

PEKING UNIVERSITY PRESS

内 容 简 介

本书结合作者多年使用 UG NX 软件的实践经验以及教学培训中的体会，精选了 19 个典型实例，以图解的形式，由浅入深、循序渐进地介绍了 NX 软件建模、装配和制图模块等常用的功能，包括草图、基准特征、设计特征、编辑特征、关联复制、组合体、修剪体、偏置/缩放、细节特征、网格曲面、GC 工具箱、装配和工程图等知识内容。

本书以实用为原则，以应用为目标，以项目为主线，内容翔实，结构清晰，语言简洁，图文并茂。

本书面向 UG NX 软件初、中级学习者，可作为各类职业学院机械制造及自动化、模具设计与制造、计算机辅助设计与制造、数控技术等专业的 CAD/CAM 相关课程的教材，也可作为社会上相关培训班的教材以及个人自学用书。

图书在版编目（CIP）数据

UG NX 项目教程/史立峰主编. —北京：北京大学出版社，2013.1
（全国高职高专规划教材·机械设计制造系列）
ISBN 978-7-301-21843-3

Ⅰ. ①U… Ⅱ. ①史… Ⅲ. ①计算机辅助设计—应用软件—高等职业教育—教材
Ⅳ. ①TP391.72

中国版本图书馆 CIP 数据核字（2012）第 309902 号

书　　　　名：	UG NX 项目教程
著作责任者：	史立峰　主编
策 划 编 辑：	温丹丹
责 任 编 辑：	温丹丹
标 准 书 号：	ISBN 978-7-301-21843-3/TH·0324
出 版 发 行：	北京大学出版社
地　　　　址：	北京市海淀区成府路 205 号　100871
电　　　　话：	邮购部 62752015　发行部 62750672　编辑部 62765126　出版部 62754962
网　　　　址：	http://www.pup.cn　新浪官方微博：@北京大学出版社
电 子 信 箱：	zpup@pup.pku.edu.cn
印 刷 者：	北京富生印刷厂
经 销 者：	新华书店
	787 毫米×1092 毫米　16 开本　12.25 印张　彩插 2 页　298 千字
	2013 年 1 月第 1 版　2013 年 1 月第 1 次印刷
定　　　　价：	28.00 元

前　　言

　　UG NX（SIEMENS NX）软件是功能强大的 CAD/CAE/CAM 一体化软件，广泛应用于航空、汽车、机械、电子、模具等行业，在业界享有极高的声誉，拥有众多的忠实用户。

　　本书以 UG NX 8.0 中文版软件为操作基础，精选了 19 个典型实例，涵盖了 NX 软件建模、装配、制图等三个应用模块，包括草图、基准特征、设计特征、编辑特征、关联复制、组合体、修剪体、偏置/缩放、细节特征、网格曲面、GC 工具箱、装配和工程图等知识内容。本书结构严谨，内容翔实，知识全面，可读性强，并具有以下鲜明特点：

　　1. 实例讲解。本书突破了以往 CAD/CAM 书籍逐一介绍软件的菜单和命令的写作模式，而是以实例贯穿始终，通过典型实例的训练，引导学习者掌握 NX 软件的常用功能和命令。

　　2. 全程图解。本书用带有指示的图片替代枯燥的文字描述，便于学习者直观、准确地理解 NX 软件的操作过程，提高阅读和学习效率。

　　3. 适合教学和自学。本书的教学项目有详细的操作步骤，并配有相应的课后练习。教学项目可由教师演示、学生模仿完成，课后练习可由学生独立或在教师的指导下完成。

　　4. 注重造型思路的讲解。本书的每个实例都有项目分析，旨在通过对零件造型过程的分析，培养学习者逐步建立造型分析的能力。这才是学习 CAD/CAM 软件的关键。

　　5. 注重新技术的介绍。本书大量介绍了 NX 的新技术，如 GC 工具箱和重用库等，目的是让学习者能够掌握这些工具，以提高工作效率。

　　本书面向 UG NX 软件初、中级学习者，可作为各类职业学院机械制造及自动化、模具设计与制造、计算机辅助设计与制造、数控技术等专业的 CAD/CAM 相关课程的教材，也可作为社会上相关培训班的教材，以及自学用书。

　　本书由史立峰主编，刘力、杨坡副主编，姬彦巧、苗君明、张再雄参编。项目 1、2、18、19 由史立峰编写，项目 3、4、11、12、15、16、17 由刘力编写，项目 5 由姬彦巧编写，项目 6、7、9、10、13 由杨坡编写，项目 8 由苗君明编写，项目 14 由张再雄编写。在编写过程中，辽宁装备制造职业技术学院孙曙光副教授、沈阳飞机制造有限公司牛建业高级工程师、沈阳化工大学葛崇员副教授对本书提出了许多宝贵意见，在此一并表示感谢。

　　特色教材的编写是一项探索性的工作，由于时间紧迫，书中难免存在错误和不妥之处，而且零件的造型思路往往是仁者见仁智者见智，欢迎广大读者对本教材提出宝贵的意见和建议，以便修订时进一步完善。

编　者

2012 年 12 月

目　　录

项目 1　定位圈的造型

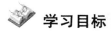
学习目标

通过学习图 1-1 所示的注塑模具定位圈零件的造型，熟悉 NX 软件标准显示界面，了解实体造型的一般过程，能新建、打开和保存文件。

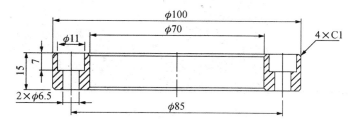

图 1-1　定位圈的示意图

任务分析

定位圈的造型大致分为四个步骤：首先，绘制草图；其次，拉伸草图创建圆环；再次，创建倒角特征；最后，创建沉头孔，如图 1-2 所示。

图 1-2　定位圈的造型步骤

操作步骤

1. 新建文件

（1）启动 NX 软件。在 Windows 窗口依次单击【开始】|【所有程序】| Siemens NX 8.0 | NX 8.0 将启动 NX 软件，弹出 NX 8 的初始界面，稍等片刻后系统将自动进入 NX 8 工作界面，如图 1-3 所示。

（2）新建 NX 文件。在【标准】工具条中单击【新建】按钮，弹出【新建】对话框，如图 1-4 所示。按照图 1-4 所示的步骤操作，将弹出 NX 8.0 标准显示界面，如图 1-5 所示。标准显示界面的描述如表 1-1 所示。

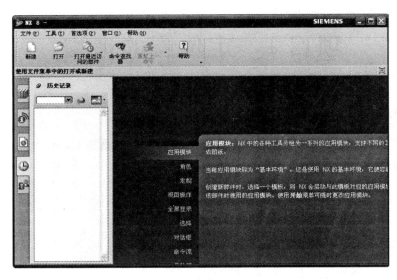

图 1-3 NX 8 工作界面

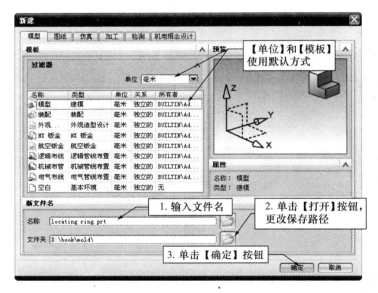

图 1-4 【新建】对话框和新建文件步骤

工程师提示

- 单击【打开】按钮 ，可打开一个已存在的 NX 文件。
- NX 8.0 之前的版本，在文件名称和保存路径中不允许出现中文字符。

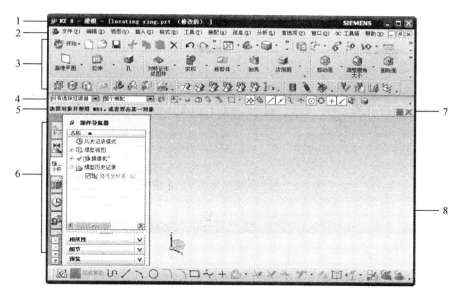

图 1-5　NX 8 标准显示界面

表 1-1　NX 8 标准显示界面的解释

编　号	名　称	描　述
1	标题栏	显示当前部件文件的信息
2	菜单条	显示菜单及命令列表
3	工具条区	显示活动的工具条
4	选择条	设置选择选项
5	提示行和状态行	提示需要采取的下一个操作，并显示关于功能和操作的消息
6	资源条	包含导航器、浏览器和资源板的选项卡
7	全屏按钮	用于在标准显示和全屏显示之间切换
8	图形窗口	用于创建、显示和修改部件

2. 绘制草图

（1）显示基准坐标系 CSYS。在【资源条】上单击【部件导航器】选项卡 ，显示【部件导航器】列表，如图 1-6 所示。按照图 1-6 所示的步骤操作，在图形窗口显示基准坐标系 CSYS。

（2）绘制草图。在【直接草图】工具条中单击【圆】按钮 ，弹出【圆】工具条，按照图 1-7 所示的步骤操作，绘制两个同心圆，在【草图屏显输入框】中输入圆的尺寸，再单击【完成草图】按钮 退出草图。

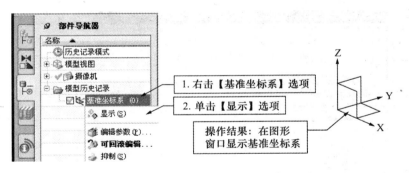

图 1-6　显示基准坐标系 CSYS 步骤

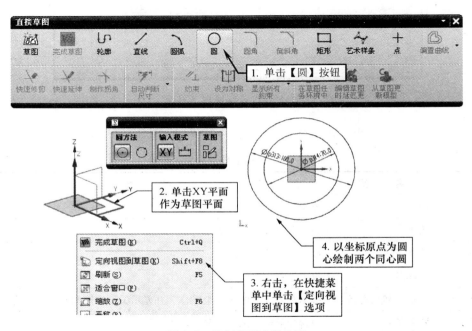

图 1-7　绘制草图曲线步骤

工程师提示

- 使用【定向视图到草图】命令可以定向视图，以便直接沿 Z 轴向下查看草图平面。
- 绘制草图时，可以先绘制曲线，再单击【直接草图】工具条中的【尺寸】按钮，标注草图的尺寸，或双击尺寸值进行更改。

　3. 创建圆环

　　在【特征】工具条中单击【拉伸】按钮，弹出【拉伸】对话框，如图 1-8 所示。按照图 1-8 所示的步骤操作，创建圆环。

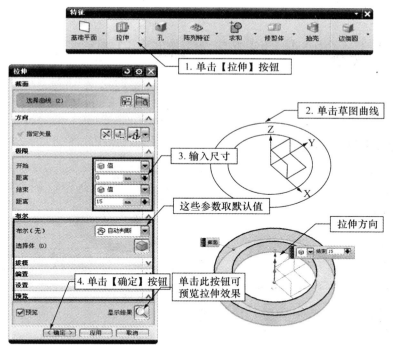

图 1-8　【拉伸】对话框和创建圆环步骤

🛠 **工程师提示**

　　【拉伸】命令是将截面曲线沿着指定的方向扫掠经过一定距离，以生成一个增加或减去材料的特征，它是 NX 建模方法中使用频率最高的命令，既可以建立实体，也可以建立片体。

　　4. 创建倒角

　　在【特征】工具条中单击【倒斜角】按钮 🔲，弹出【倒斜角】对话框，如图 1-9 所示。按照图 1-9 所示的步骤操作，创建倒角特征。

图 1-9　【倒斜角】对话框和创建斜角步骤

5. 创建沉头孔

在【特征】工具条中单击【孔】按钮，弹出【孔】对话框，如图1-10所示。按照图1-10所示的步骤操作，创建沉头孔特征。

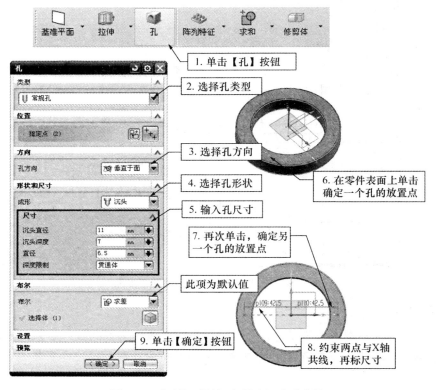

图 1-10　【孔】对话框和创建沉头孔步骤

6. 保存文件

（1）隐藏基准坐标系和草图。在【实用工具】工具条中单击【显示和隐藏】按钮，弹出【显示和隐藏】对话框，如图1-11所示。单击 – 号隐藏对象，单击 + 号显示对象。

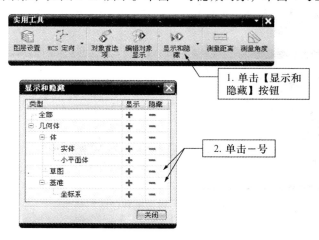

图 1-11　【显示和隐藏】对话框隐藏草图、基准步骤

（2）保存 NX 文件。在【标准】工具条中单击【保存】按钮■，即可保存文件。

（3）退出 NX 软件。在菜单条中单击【关闭】按钮█，将退出 NX 软件。

 知识总结

三维造型的基本步骤

不论是设计单独零件还是设计装配中的零件，设计时所遵循的建模流程都是一样的。在 NX 中设计零件的主要流程如下。

（1）新建文件。为零件模型创建一个空文件。

（2）创建基准。创建基准坐标系和基准平面，以定位建模特征。

（3）创建特征。通常按以下顺序创建特征。首先，从拉伸、回转或扫掠等设计特征开始定义基本形状，这些特征通常使用草图定义截面。其次，添加其他特征以设计模型。最后，添加边倒圆、倒斜角和拔模等详细特征以完成模型。

（4）保存文件。保存模型文件。

 思考练习

1. 简述常用 CAD/CAM 软件的种类、特点与应用领域。

2. 简述 NX 软件基本模块与应用。

项目 2　动模板的造型

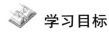 **学习目标**

　　通过学习图 2-1 所示注塑模具动模板零件的造型，熟悉直接草图环境，掌握矩形、圆、圆弧、圆角、修剪、镜像、尺寸约束、对称约束和等半径约束等草图曲线命令的应用，能绘制简单草图曲线；掌握拉伸和孔命令的应用，能进行拉伸、通孔、沉头孔和螺钉孔的造型。

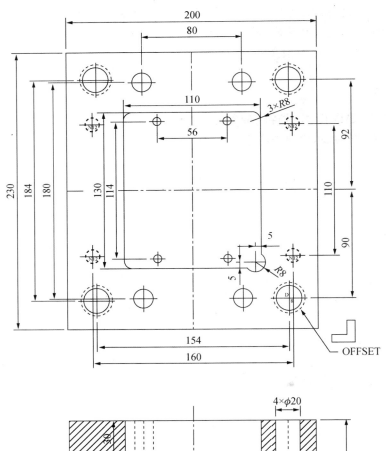

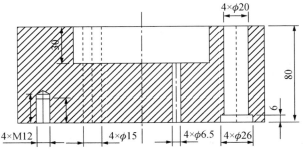

图 2-1　动模板的示意图

⚒ 任务分析

动模板的造型大致分为四个步骤：首先，绘制草图；其次，拉伸矩形创建长方体；再次，拉伸内部曲线创建模框；最后，创建各个孔，如图 2-2 所示。

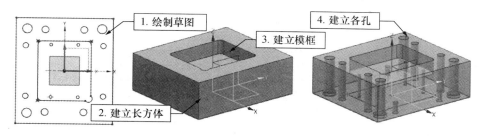

图 2-2　动模板的造型步骤

🧑‍🔧 操作步骤

1. 新建文件

新建一个 NX 文件，名称为 "B plate"。

2. 绘制草图

（1）添加命令按钮。在【直接草图】工具条中单击【添加或移除按钮】按钮，按照图 2-3 所示的步骤操作，将【定向视图到草图】按钮、【重新附着草图】按钮和【连续自动标注尺寸】按钮这 3 个命令按钮添加到【直接草图】工具条中。

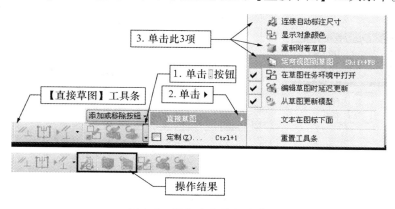

图 2-3　添加命令按钮步骤

📖 工程师提示

可以参照上述方法，在其他工具条中添加按钮，还可以添加或去除按钮下的文本注释。

（2）选择草图平面。在【直接草图】工具条中单击【草图】按钮，弹出【创建草图】对话框。按照图 2-4 所示的步骤操作，选择 XC-YC 平面作为草图平面，进入草图环境，然后在【直接草图】工具条中单击【定向视图到草图】按钮。

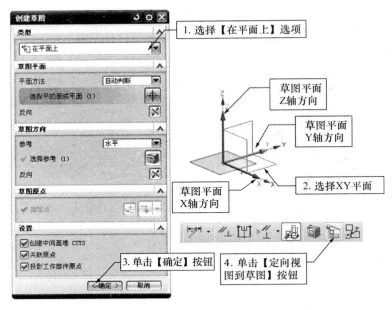

图2-4 【创建草图】对话框和选择草图平面步骤

（3）绘制矩形草图。

① 在【直接草图】工具条中单击【矩形】按钮，按照图2-5所示的步骤绘制矩形草图；单击【尺寸】按钮标注尺寸，或直接双击尺寸值更改尺寸。

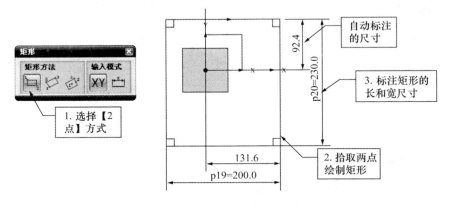

图2-5 绘制矩形曲线步骤

② 在【直接草图】工具条中单击【设为对称】按钮，按照图2-6所示的步骤约束矩形的中心到坐标系原点。

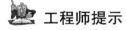 **工程师提示**

使用【设为对称】命令可在草图中约束两个点或曲线相对于中心线对称。在创建或编辑草图时，以及希望控制现有草图几何图形相对于中心线对称的位置时，可使用此命令。

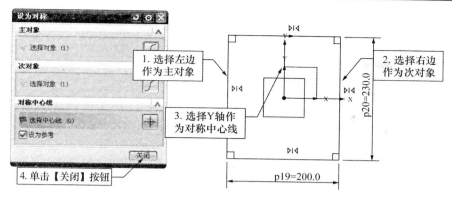

图 2-6　设置对称约束步骤

（4）绘制模框草图。

① 在【直接草图】工具条中单击【矩形】按钮□绘制矩形草图，再单击【尺寸】按钮□标注矩形尺寸，如图 2-7 所示。

② 在【直接草图】工具条中单击【圆角】按钮□，按照图 2-8 所示的步骤对矩形的 3 个直角进行倒圆角。

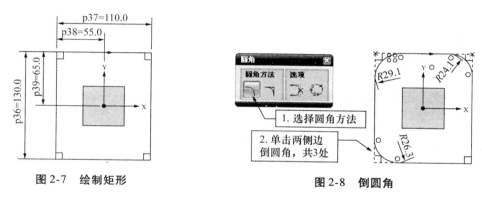

图 2-7　绘制矩形　　　　　　　　　　　　　　图 2-8　倒圆角

③ 在【直接草图】工具条中单击【约束】按钮△，按照图 2-9 所示的步骤约束 3 个圆弧半径尺寸相等。

④ 在【直接草图】工具条中单击【圆弧】按钮◯，在矩形另一个直角位置绘制圆弧曲线，再单击【尺寸】按钮□标注圆弧尺寸，如图 2-10 所示。

⑤ 在【直接草图】工具条中单击【快速修剪】按钮✁，单击要修剪的曲线或拖动鼠标经过要修剪的曲线，如图 2-11 所示。

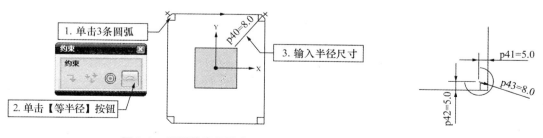

图 2-9　设置等半径约束　　　　　　　　　　　图 2-10　绘制圆弧

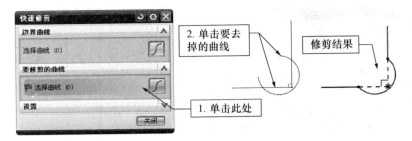

图 2-11 【快速修剪】对话框和修剪曲线步骤

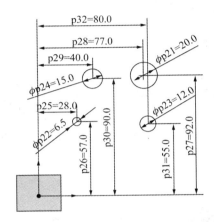

图 2-12 绘制圆形

（5）绘制圆孔草图。

① 在【直接草图】工具条中单击【圆】按钮 ⃝ 绘制圆形，再单击【尺寸】按钮 ⤢ 标注圆的尺寸，如图 2-12 所示。

② 在【直接草图】工具条中单击【镜像曲线】按钮 ⬡，按照图 2-13（a）所示的步骤对 4 个圆进行镜像。再参照上述步骤再次镜像，结果如图 2-13（b）所示。

③ 在【直接草图】工具条中单击【圆】按钮 ⃝，绘制偏置导套固定孔曲线，再单击【尺寸】按钮 ⤢ 标注圆尺寸，如图 2-14 所示。

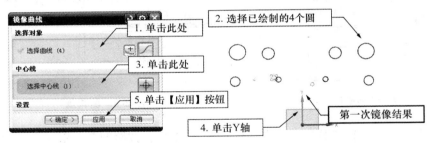

(a)

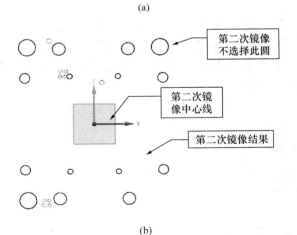

(b)

图 2-13 【镜像曲线】对话框和镜像曲线步骤

工程师提示

　　绘制圆的目的是为了在建立孔特征时快速拾取圆心，所以这里可以不用绘制圆，而像项目 1 所示的方法直接绘制圆心点。

　　（6）完成草图绘制。最终草图曲线如图 2-15 所示。

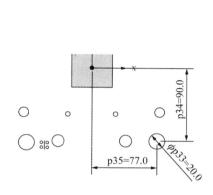

图 2-14　绘制偏置的导柱孔

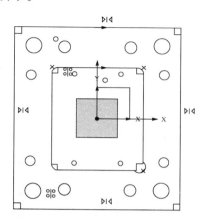

图 2-15　最终草图曲线

3. 创建长方体

　　在【特征】工具条中单击【拉伸】按钮 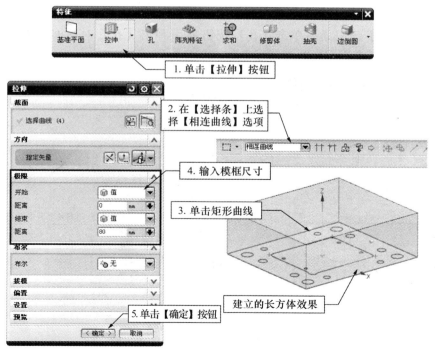 ，弹出【拉伸】对话框，按照图 2-16 所示步骤创建长方体。

图 2-16　创建长方体步骤

工程师提示

选择条位于 NX 图形窗口的上面。使用选择条可以设置和使用高级选择选项，例如通过过滤对象的特定属性、选择意图和捕捉点等来选择它们，从而提高选择的准确性和速度。

4. 创建模框

在【特征】工具条中单击【拉伸】按钮，弹出【拉伸】对话框，按照图 2-17 所示的步骤创建模框。

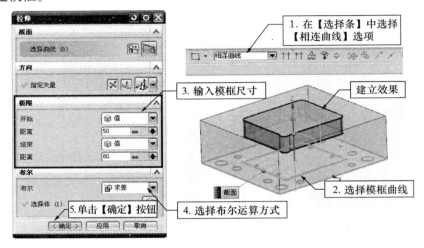

图 2-17　创建模框步骤

5. 创建孔

（1）在【特征】工具条中单击【孔】按钮，弹出【孔】对话框，按照图 2-18 所示的步骤选择 4 个导套固定孔圆心创建 4 个 $\phi20$ 沉头孔。

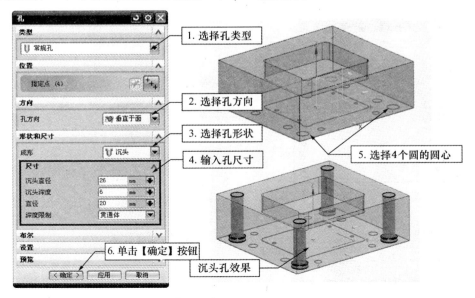

图 2-18　创建沉头孔步骤

（2）在【特征】工具条中单击【孔】按钮，弹出【孔】对话框，按照图 2-19 所示的步骤选择 4 个复位杆过孔圆心用来创建 4 个 $\phi15$ 通孔；再选择 4 个螺钉过孔圆心用来创建 4 个 $\phi6.5$ 通孔。

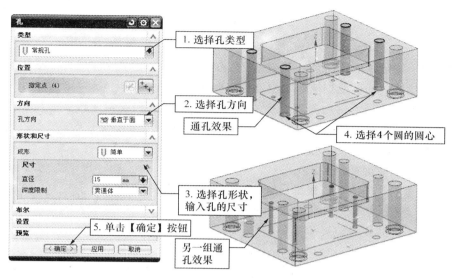

图 2-19　创建通孔步骤

（3）在【特征】工具条中单击【孔】按钮，弹出【孔】对话框，按照图 2-20 所示的步骤选择 4 个螺钉孔圆心用来创建 4 个 M12 螺钉孔。

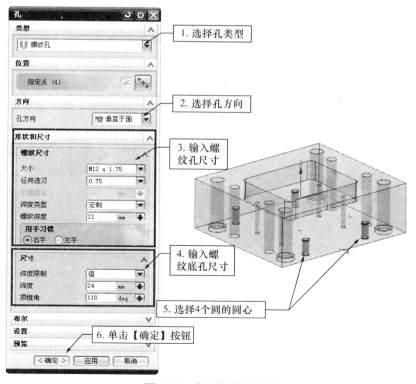

图 2-20　创建螺纹孔步骤

6. 保存文件

隐藏基准坐标系和草图，然后保存文件。

 知识总结

◆ 草图

草图是位于特定平面或路径上的 2D 曲线和点的集合，是设计所需的轮廓或典型截面，主要用于通过拉伸、回转或扫掠草图而创建实体或片体。

直接草图工具条和草图任务环境提供了两种草图创建和编辑的模式。使用【直接草图】工具条上的命令可直接在平面上创建草图，而无须进入草图任务环境，减少了鼠标单击的次数。绘制草图的典型步骤如下。

（1）选择草图平面或路径。

（2）创建草图几何图形。根据设置，草图自动创建若干约束。

（3）添加、修改或删除约束。

（4）根据设计意图修改尺寸参数。

（5）完成草图。

绘制草图时，可以使用约束来精确控制草图中的对象并表明特征的设计意图。约束类型包括几何约束和尺寸约束，几何约束类型如表 2-1 所示。

几何约束用于创建草图对象几何特性（如直线的水平和竖直），以及两个或两个以上对象间的相互关系（如两直线的平行、垂直，两圆弧的同心、相切、等半径等），如图 2-21 所示。对象之间一旦使用几何约束，则无论如何修改几何图形，其关系始终存在。

表 2-1　　几何约束类型解释

约束类型	曲线上的标识	描述
固定	⅂	将草图对象固定在某个位置
完全固定	⅂	一次性完全固定草图对象的位置和角度
重合	＼	定义两个或多个点相互重合
点在曲线上	×	定义点在某条曲线上
点在线串上	○	定义一个位于投影曲线上的点的位置。必须先选择点，再选择曲线
中点	┆	定义一点的位置，使其与直线或圆弧的两个端点等距
水平	→	定义直线为水平直线（平行于工作坐标系的 XC 轴）
竖直	↑	定义直线为竖直直线（平行于工作坐标系的 YC 轴）
固定长度	↔	定义曲线为固定长度
固定角度	∠	定义直线为固定的角度
共线	∥	定义两条或多条直线共线
平行	∥	定义两条直线相互平行
垂直	⊥	定义两条直线相互垂直
等长	＝	定义两条或多条直线等长

续表

约束类型	曲线上的标识	描　　述
◎ 同心	◎	定义两个或多个圆弧的圆心相互重合
○ 相切	♀	定义两个对象（直线和圆弧，或两个圆弧）相切
≈ 等半径	≈	定义两个或多个圆弧等半径
镜像曲线	⸬	定义两个相互镜像的对象
对称	▷◁	定义两个点或曲线相对于中心线对称
阵列曲线	⚬⚬⚬	定义曲线的圆形阵列
	∘∘∘	在单方向定义线性阵列
	⁞⁞⁞	在两个方向定义线性阵列
	⚬⚬	定义曲线的常规阵列
偏置曲线	↗	偏置曲线命令对当前装配中的曲线链、投影曲线或曲线/边进行偏置，并使用偏置约束来对几何体进行约束

尺寸约束也称为驱动尺寸，就是在草图上标注尺寸，用尺寸驱动图形，使图形随着尺寸的变化而变化。尺寸约束的类型包括水平、竖直、平行、垂直、角度、直径和半径等。既可创建草图对象本身的尺寸（如圆弧半径或曲线长度），也可创建两个对象间的关系（如两点间的距离），如图 2-22 所示。

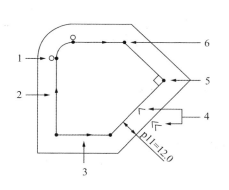

1—相切；2—竖直；3—水平；4—偏置；5—垂直；6—重合

图 2-21　几何约束示例

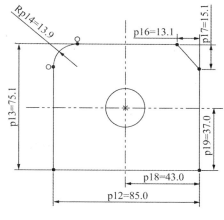

图 2-22　尺寸约束示例

通常使用手工添加约束的方法对草图对象施加几何约束。单击【约束】按钮，在绘图区选择要约束的几何对象（可以是一个也可是多个），将弹出【约束】工具条（根据选择几何对象的不同，约束类型略有不同），从中选择需要的约束类型，将实现对所选几何对象的约束。

◆ 对单个几何对象添加约束

按照图 2-23 所示的步骤，可对单条直线添加几何约束。

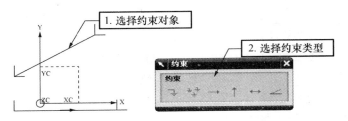

图 2-23　对单条直线添加几何约束步骤

◆ 对多个几何对象添加约束

　　按照图 2-24 所示的步骤，对两条直线添加约束；按照图 2-25 所示的步骤，对两个圆添加约束；按照图 2-26 所示的步骤，对直线和圆添加约束。

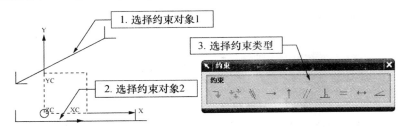

图 2-24　对两条直线添加几何约束步骤

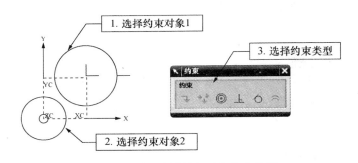

图 2-25　对两个圆添加几何约束步骤

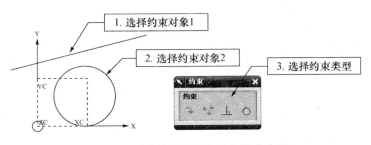

图 2-26　对直线和圆添加几何约束步骤

　　在添加约束时，有时会出现约束过多或者约束错误的情况，这时需要移除约束。单击【显示/移除约束】按钮 ，将弹出【显示/移除约束】对话框，按照图 2-27 所示的步骤，移除过多的约束。

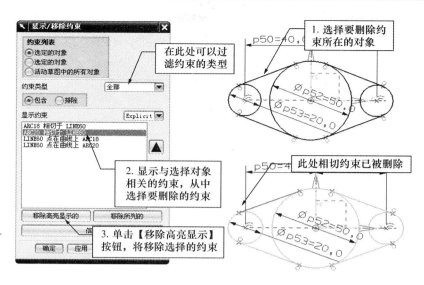

图 2-27 移除约束步骤

尽管不需要完全约束草图也可以创建后续的特征，但最好还是完全约束草图。完全约束的草图可以确保在设计更改过程中始终能够找到解。注意以下有关如何约束草图以及草图过约束时的处理技巧。

➤可将自动和驱动尺寸以及约束结合使用，以完全约束草图。

➤一旦碰到过约束或冲突的约束状态，应立即删除一些尺寸或约束，以解决问题。

➤当表达式值设置为零时，垂直、水平和竖直的尺寸会保持它们的方向。还可以为这三种尺寸类型输入负值，以产生与使用"备选解"命令相同的结果。避免其他尺寸类型为零尺寸。因为使用零尺寸会导致相对其他曲线位置不明确的问题。零尺寸在更改为非零尺寸时，也会引起意外的结果。

➤用直线而不是线性样条来创建线性草图段的模型。尽管它们从几何角度看上去是相同的，但是直线和线性样条在草图计算时是不同的。

➤也可用参考曲线帮助约束对象。用【转换至/自参考对象】命令根据草图曲线创建参考曲线。

➤拉伸。使用拉伸命令可创建实体或片体，方法是选择曲线、边、面、草图或曲线特征的一部分并将它们延伸一段线性距离。【拉伸】对话框如图 2-16 所示，其中主要参数如表 2-2 所示。

表 2-2 【拉伸】对话框参数解释

选 项 组	选项名称	选项值与描述
截面	选择曲线	用于指定曲线或边的一个或多个截面以进行拉伸。如果选择多个截面，便可以获取多个片体或实体，但只有一个拉伸特征
	绘制截面	打开草图任务环境以便创建内部草图
	选择曲线	用于选择截面的曲线、边、草图或面进行拉伸

选 项 组	选项名称	选项值与描述
方向	指定矢量	用于定义拉伸截面的方向
	指定矢量 矢量构造器	从指定矢量选项列表或矢量构造器中选择矢量方法，然后选择该类型支持的面、曲线或边
	反向	将拉伸方向更改为截面的另一侧。也可以通过右击方向矢量箭头并选择反向来更改方向
限制	开始/结束	用于定义拉伸特征的起点与终点，从截面起测量 【值】——为拉伸特征的起点与终点指定数值。在截面上方的值为正，在截面下方的值为负。可以在截面的任一侧拖动限制手柄，或直接在距离框或屏显输入框中键入值 【直至下一个】——将拉伸特征沿方向路径延伸到下一个体 【直至选定对象】——将拉伸特征延伸到选定的面、基准平面或体。如果拉伸截面延伸到选定的面以外，或不完全与选定的面相交，则软件会将截面拉伸到所选面的相邻面上。如果选定的面及其相邻面仍不完全与拉伸截面相交，则拉伸将失败，此时应尝试直至延伸部分选项 【直至延伸部分】——在截面延伸超过所选面的边时，将拉伸特征（如果是体）修剪至该面。如果拉伸截面延伸到选定的面以外，或不完全与选定的面相交，则软件会尽可能将选定的面进行数学延伸，然后应用修剪。某个平的所选面会无限延伸，以使修剪成功；而 B 样条曲面无法延伸 【对称值】——将开始限制距离转换为与结束限制相同的值 【贯通】——沿指定方向的路径，延伸拉伸特征，使其完全贯通所有的可选体
	距离	将拉伸特征的起始和终止限制设置为在框中输入的值。当开始和结束选项中的任何一个设置为值或对称值时，此项出现
	选择对象	用于选择面、片体、实体或基准平面，以定义拉伸特征的边界起始或终止限制。当开始和结束选项中的任何一个设置为直至选定对象或直到被延伸时，此项出现
布尔	布尔	用于指定拉伸特征及其所接触的体之间的交互方式 【无】——创建独立的拉伸实体 【求和】——将拉伸体积与目标体合并为单个体 【求差】——从目标体移除拉伸体 【求交】——创建一个体，其中包含由拉伸特征和与它相交的现有体共享的体积 【自动判断】——根据拉伸的方向矢量及正在拉伸的对象的位置来确定概率最高的布尔运算。这是默认选项
	选择体	用于选择目标体。当布尔选项设置为求和、求差或求交时，此项出现

选 项 组	选项名称	选项值与描述
拔模	拔模	用于将斜率（拔模）添加到拉伸特征的一侧或多侧 【无】——不创建拔模 【从起始限制】——创建从拉伸起始限制开始的拔模，如图 2-28（a）所示 【从截面】——创建从拉伸截面开始的拔模，如图 2-28（b）所示 【从截面非对称角度】——创建一个从拉伸截面开始、在该截面的前后两侧反向倾斜的拔模，如图 2-28（c）所示。此选项在从截面的两侧延伸拉伸特征时可用。可以使用角度选项分别控制该截面每一侧的拔模角 【从截面对称角度】——创建一个从拉伸截面开始、在该截面的前后两侧以相同角度反向倾斜的拔模，如图 2-28（d）所示。此选项在从截面的两侧延伸拉伸特征时可用 【从截面匹配的终止处】——创建一个从拉伸截面开始、在该截面的前后两侧反向倾斜的拔模。终止限制处的形状与起始限制处的形状相匹配，并且终止限制处的拔模角将更改，以保持形状的匹配，如图 2-28（e）所示。此选项在从截面的两侧延伸拉伸特征时可用。可以通过右击拉伸预览来选择拔模选项
	角度选项	用于指定拔模角 【单个】——为拉伸特征的所有面添加单个拔模角，如图 2-28（f）所示。通过在角度框中键入值，或通过拖动角度手柄或在屏显输入框中键入值，可以更改角度 【多个】——向拉伸特征的每个面相切链指定唯一的拔模角，如图 2-28（g）和图 2-28（h）所示。图 2-28（g）显示从截面拔模时的多个角度，图 2-28（h）显示从截面不对称拔模时的多个角度。通过从对话框的列表框中选择角度，并在角度框中键入新值，可以编辑这些角度。还可以拖动角度手柄或在屏显输入框中键入值。在拔模选项为从起始限制时，此选项不可用
	角度	用于为拔模角指定一个值 如果角度选项设置为多个，则该值应用于列表框中的选定角度；否则，该值将应用于拔模中的所有角度 正角使得拉伸特征的侧面向内倾斜，朝向选中曲线的中心 负角使得拉伸特征的侧面向外倾斜，远离选定曲线的中心
	前角/后角	用于向非对称拉伸特征的前后侧指定单独的角度值。在拔模选项设置为从截面—非对称且角度选项设置为单个时，此选项可用
	列表	显示每个拔模角的名称和值 当角度选项设置为多个时，列表出现，此时可以向拉伸特征中的每个相切面链指定单独的拔模角。通过在列表框中选择一个角度并在角度框中键入新值、在屏显输入框中键入值或拖动其角度手柄，可以编辑该角度

续表

选 项 组	选项名称	选项值与描述
偏置	偏置	通过键入相对于截面的值或拖动偏置手柄，可以为拉伸特征指定多达两个偏置 【无】——不创建也不偏置 【单侧】——将单侧偏置添加到拉伸特征，如图 2-29（a）所示。这种偏置用于填充孔和创建凸台，从而简化部件的开发 【两侧】——向具有开始与结束值的拉伸特征添加偏置，如图 2-29（b）所示 【对称】——向具有重复开始与结束值（从截面的相对两侧起测量）的拉伸特征添加偏置，如图 2-29（c）所示
	开始/结束	用于为相对于截面的偏置的起点/终点指定一个值
设置	体类型	用于为拉伸特征指定片体或实体 要获得实体，此截面必须为封闭轮廓截面或带有偏置的开放轮廓截面 如果使用偏置，则将无法获得片体
	公差	用于指定非默认值的距离公差

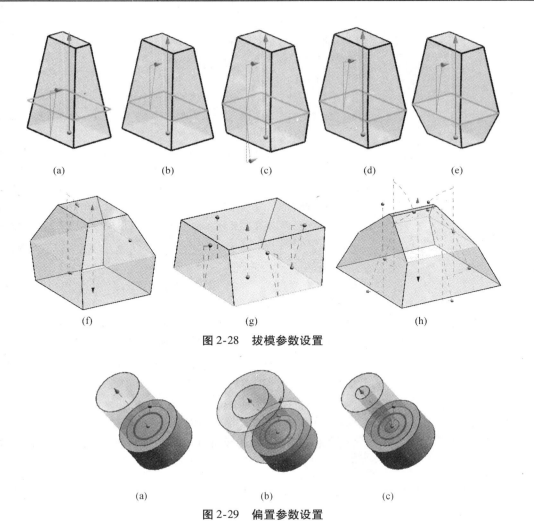

(a)　　　(b)　　　(c)　　　(d)　　　(e)

(f)　　　(g)　　　(h)

图 2-28　拔模参数设置

(a)　　　(b)　　　(c)

图 2-29　偏置参数设置

◆ 孔

使用孔命令可在部件或装配中添加孔特征。【孔】对话框如图 2-18 ～ 图 2-20 所示，其中主要参数如表 2-3 所示。

表 2-3　【孔】对话框参数解释

选 项 组	选项名称	选项值与描述
类型	—	显示可以创建的孔特征类型列表 【常规孔】——创建指定尺寸的简单孔、沉头孔、埋头孔或锥孔特征。常规孔的类型包括盲孔、通孔、直至选定对象或直至下一个 【钻形孔】——使用 ANSI 或 ISO 标准创建简单钻形孔特征 【螺钉间隙孔】——创建简单、沉头或埋头通孔，它们是为具体应用而设计的，例如螺钉的间隙孔 【螺纹孔】——创建螺纹孔，其尺寸标注由标准、螺纹尺寸和径向进刀定义 【孔系列】——创建起始、中间和结束孔尺寸一致的多形状、多目标体的对齐孔
位置	指定点	指定孔中心的位置。可以使用以下方法来指定孔的中心： （1）在创建草图 对话框中，通过指定放置面及方位 （2）通过选择面，光标位置的坐标显示在点对话框中 （3）通过选择基准平面，基准平面的原点坐标显示在点对话框中 （4）在尺寸对话框中 （5）单击点 ，可使用现有的点来指定孔的中心
方向	孔方向	指定孔方向 【垂直于面】——沿着与公差范围内每个指定点最近的面法向的反向定义孔的方向。如果选定的点具有不止一个可能最近的面，则在选定点处法向更靠近 Z 轴的面被自动判断为最近的面 【沿矢量】——沿指定的矢量定义孔方向。可以使用指定矢量中的选项来指定矢量：矢量构造器 或自动判断的矢量 中的列表
形状和尺寸	形状	指定孔特征的形状。当孔的类型为常规孔、螺钉间隙孔和孔系列时显示，包括以下类型： 【简单】——创建具有指定直径、深度和尖端顶锥角的简单孔 【沉头】——创建具有指定直径、深度、顶锥角、沉头直径和沉头深度的沉头孔 【埋头】——创建有指定直径、深度、顶锥角、埋头直径和埋头角度的埋头孔 【锥形】——创建具有指定锥角和直径的锥孔
	尺寸	指定孔特征的直径、深度、尖角，以及螺纹等尺寸
布尔	布尔	指定用于创建孔特征的布尔操作。可用选项有： 【无】——创建孔特征的实体表示，而不是将其从工作部件中减去 【求差】——从工作部件或其组件的目标体减去工具体
	选择体	选择要执行布尔操作的目标体 目标体通常为实体，但也可以选择片体作为常规孔类型的目标体

续表

选 项 组	选项名称	选项值与描述
设置	延伸开始	选定后延伸孔，以在孔的开始处提供清楚的切削
	公差	指定公差值 公差值用于查找最近的面，以使用垂直于面选项定义孔的垂直方向。如果在公差范围内找不到面，则不能使用垂直于面的选项

思考练习

1. 参照图 2-30～图 2-33 所示的零件平面图形绘制二维草图。

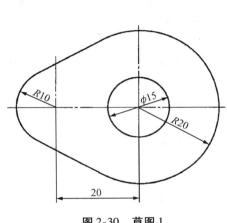

图 2-30　草图 1

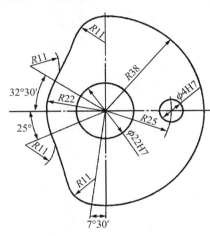

图 2-31　草图 2

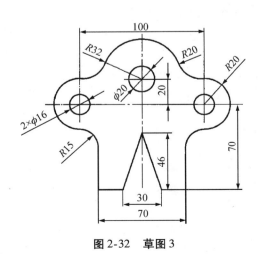

图 2-32　草图 3

图 2-33　草图 4

2. 参照图 2-34 和图 2-35 零件工程图创建三维实体。

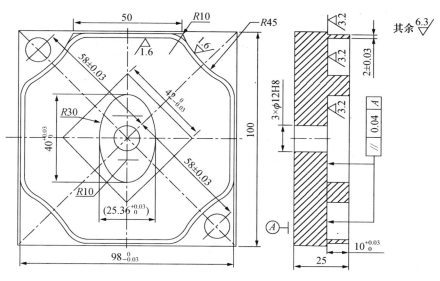

图 2-34 模板 1

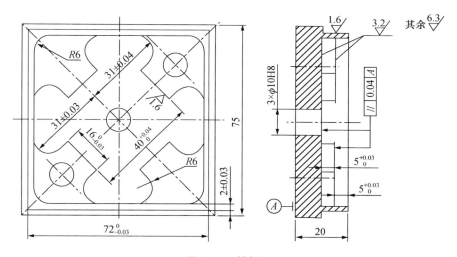

图 2-35 模板 2

项目 3　电机体的造型

学习目标

　　通过学习图 3-1 所示电机体模型的造型，进一步熟悉直接草图功能，掌握轮廓、直线、点在线上、相切、等长和共线约束等草图曲线命令的应用，能绘制较简单草图曲线；进一步熟悉拉伸命令，掌握布尔运算命令的应用，能进行较复杂零件的造型。

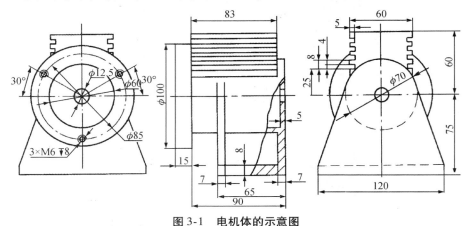

图 3-1　电机体的示意图

任务分析

　　电机体的造型大致分为以下步骤：首先，创建电机底座；其次，创建机壳和散热片；最后，创建轴孔和螺纹孔，如图 3-2 所示。

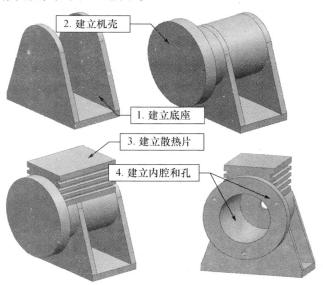

图 3-2　电机体的造型步骤

操作步骤

1. 新建文件

新建一个 NX 文件, 名称为 "electric motor"。

2. 创建底座

（1）绘制底座草图 1, 步骤如下所示。

① 绘制草图的近似形状。在【直接草图】工具条中单击【轮廓】按钮 ⟲, 以 XC-ZC 平面作为草图平面, 绘制草图如图 3-3 (a) 所示。

② 创建约束关系。在【直接草图】工具条中单击【约束】按钮 ⟋, 在绘图区单击直线和圆弧, 在【约束】工具条中单击【相切】按钮 ⊙, 将二者定义为相切关系。在【直接草图】工具条中单击【设为对称】按钮 ⊞, 在绘图区单击两条竖直线和两条斜线, 将二者定义为关于 YC 轴对称。在【直接草图】工具条中单击【尺寸】按钮 ⟋, 参照图 3-1所示标注尺寸。最终草图如图 3-3 (b) 所示。

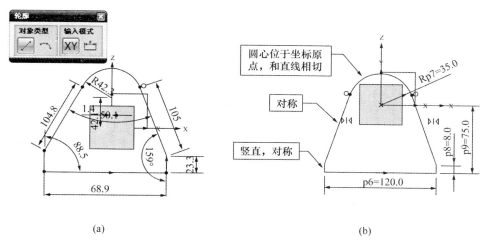

(a)   (b)

图 3-3 绘制底座草图 1

工程师提示

使用 NX 软件绘制草图时, 通常先绘制草图的近似形状, 然后通过约束确定最终的草图。

（2）创建底座实体 1。在【特征】工具条中单击【拉伸】按钮 ⬚, 弹出【拉伸】对话框, 按照图 3-4 所示的步骤创建底座实体 1。

（3）绘制草图 2, 步骤如下所示。

① 绘制草图的近似形状。在【直接草图】工具条中单击【轮廓】按钮 ⟲, 以 YC-ZC 平面作为草图平面, 绘制草图的近似形状如图 3-5 (a) 所示。

② 创建约束关系。在【直接草图】工具条中单击【约束】按钮 ⟲, 在绘图区单击 4 条竖直线, 在【约束】工具条中单击【等长】按钮 ⬛, 将 4 条直线定义为等长; 在绘图区单击最右侧竖直线和 YC 轴, 在【约束】工具条中单击【共线】按钮 ⬛, 将二者定义为共线;

按相同的方法，将草图 2 和草图 1 中底部相同位置的两条直线定义为共线。在【直接草图】
工具条中单击【尺寸】按钮 ，参照图 3-1 所示标注尺寸。最终草图如图 3-5（b）所示。

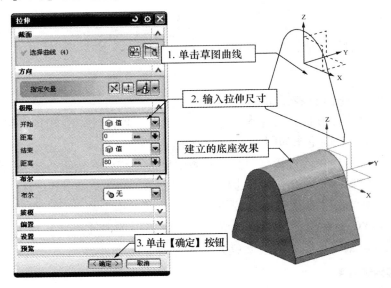

图 3-4   创建底座实体 1 步骤

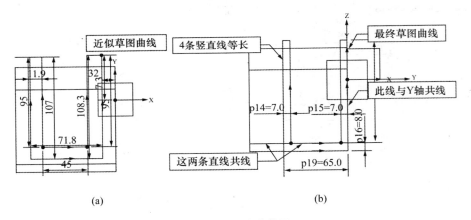

(a)   (b)

图 3-5   绘制底座草图 2

（4）创建底座实体 2。在【特征】工具条中单击【拉伸】按钮 ，弹出【拉伸】对
话框，按照图 3-6 所示的参数创建底座实体 2。

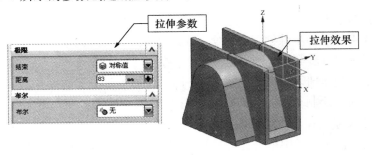

图 3-6   创建底座实体 2

（5）布尔求交。在【特征】工具条中单击【求交】按钮，弹出【求交】对话框，如图 3-7 所示。按照图 3-7 所示的步骤操作，将底座实体 1 和实体 2 进行求交运算，得到电机底座。

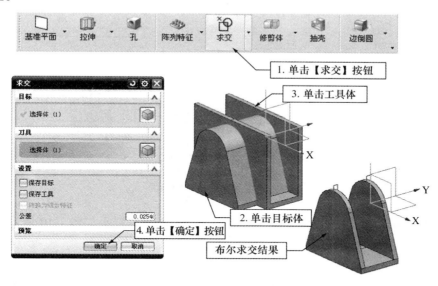

图 3-7　创建电机底座步骤

3. 创建机壳

（1）绘制草图。以 XC-ZC 平面作为草图平面，使用【圆】命令绘制同心圆，并进行约束，结果如图 3-8 所示。

（2）创建圆柱体。使用【拉伸】命令分别对两个圆进行拉伸，拉伸参数和拉伸结果如图 3-8 所示。

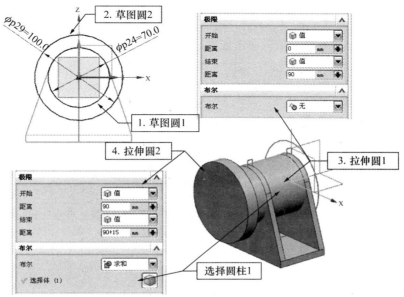

图 3-8　创建机壳实体步骤

4. 创建散热片

（1）绘制草图。以 XC-ZC 平面作为草图平面，按照图 3-9 所示的步骤绘制草图。

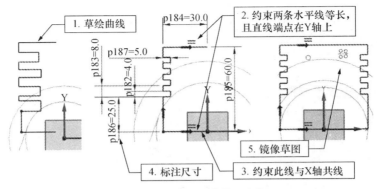

图 3-9　绘制散热片草图步骤

（2）创建实体。使用【拉伸】命令 对草图进行拉伸，结果如图 3-10 所示。

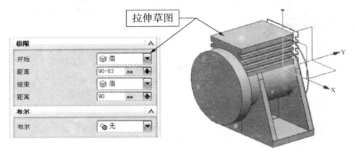

图 3-10　创建散热片实体

5. 布尔求和

在【特征】工具条中单击【求和】按钮 ，弹出【求和】对话框，如图 3-11 所示。按照图 3-11 所示的步骤操作，依次单击底座、轴体和散热片进行求和。

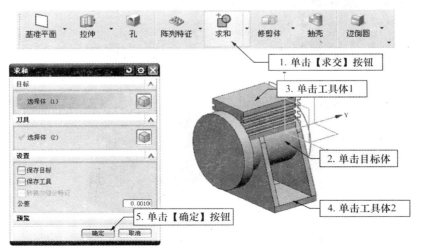

图 3-11　【求和】对话框和求和步骤

6. 创建轴孔

在【特征】工具条中单击【孔】按钮，弹出【孔】对话框，按照图 3-12 所示的参数创建电机轴孔，即 φ60 的盲孔和 φ12.5 的通孔。

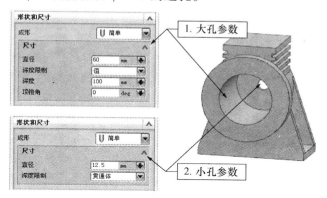

图 3-12　创建轴孔

工程师提示

如果孔特征要通过多个实体，必须先将这些实体求和形成一个实体，然后再建孔。

7. 创建螺纹孔

在【特征】工具条中单击【孔】按钮，弹出【孔】对话框，按照图 3-13 所示的步骤创建 3 个 M6 的螺纹孔。

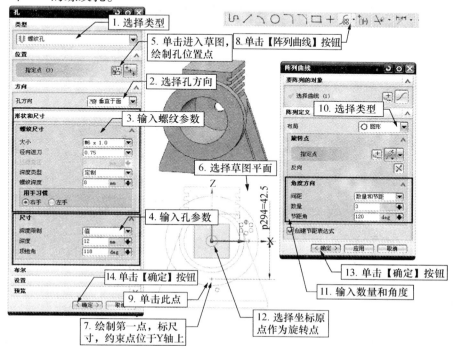

图 3-13　创建螺纹孔步骤

8. 保存文件

隐藏基准坐标系和草图，然后保存文件。

 知识总结

◆ 布尔运算

布尔运算的目的是利用工具体修改目标体，操作后工具体成为目标体的一部分。布尔运算操作中第一个选择的实体称为目标体，第二个及以后选择的称为工具体。目标体只能有一个，工具体可以有多个。工具体和目标体必须接触或相交。布尔运算包括求和、求差和求交运算。

（1）求和命令。使用【求和】命令可将两个或多个工具实体的体积组合为一个目标体，如图 3-14 所示，将目标实体 1 与一组工具体 2 相加，形成一个实体 3。还可以随意保存并保留未修改的目标体和工具体副本。目标体和工具体必须重叠或共享面，这样才会生成有效的实体。

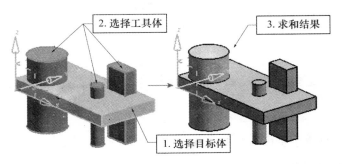

图 3-14　【求和】命令应用示例

（2）求差命令。使用【求差】命令可从目标体中移除一个或多个工具体的体积。

当使用求差命令时，可以选择一组实体作为工具。如图 3-15 所示，将目标实体 1 与一组工具体 2 求差，形成一个实体 3。

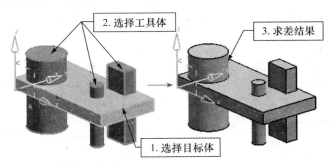

图 3-15　【求差】命令应用示例 1

如果选择一个片体作为工具体，其结果就是一个保持了所有区域的完全参数化的求差特征。

如果工具体将目标体完全拆分为多个实体，则所得实体为参数化特征。如图 3-16 所示，从目标体 1 中减去工具体 2，从而成为参数化的求差特征 3。

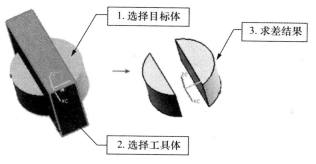

图 3-16 【求差】命令应用示例 2

（3）求交命令。使用【求交】命令可创建包含目标体与一个或多个工具体的共享体积或区域的体。可以将实体与实体、片体与片体以及片体与实体相交。如果选择片体作为工具体，则结果将是完全参数化相交特征，其中保留所有区域。

如果工具体将目标体完全拆分为多个实体，则所得实体为参数化特征。如图 3-17 所示，目标实体 1 和一组工具体 2 相交，形成 3 个参数化的体 3。

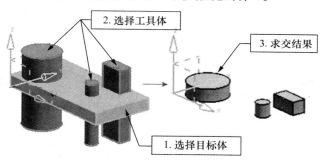

图 3-17 【求交】命令应用示例

👨‍🏫 **思考练习**

参照图 3-18 ～ 图 3-27 所示的零件立体图创建三维实体。

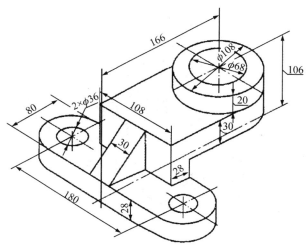

图 3-18 实体 1

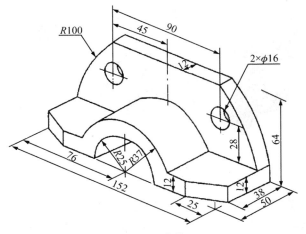

图 3-19　实体 2

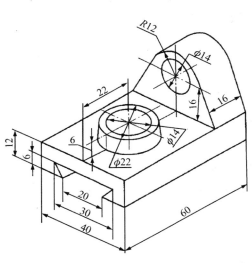

图 3-20　实体 3

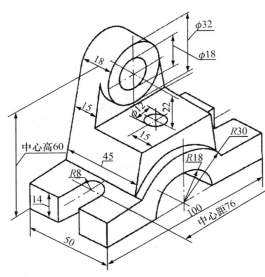

图 3-21　实体 4

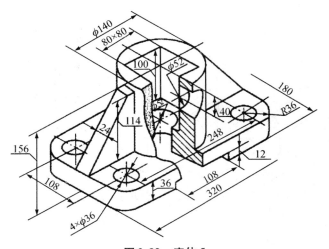

图 3-22　实体 5

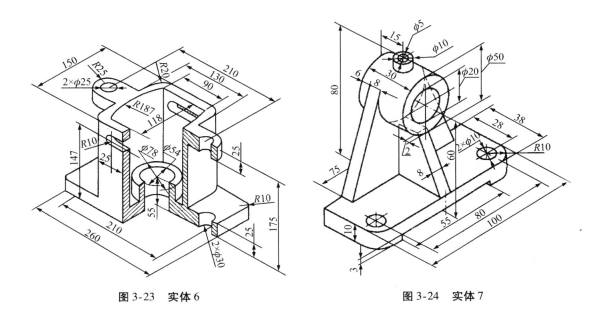

图 3-23　实体 6

图 3-24　实体 7

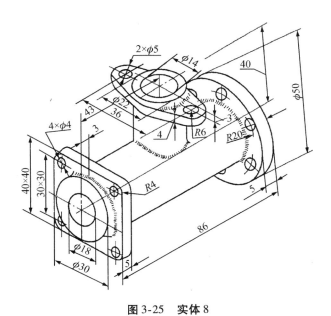

图 3-25　实体 8

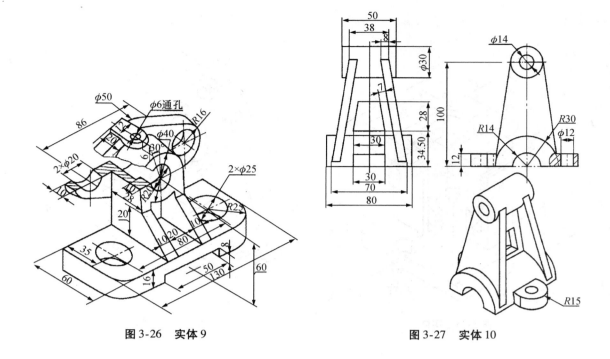

图 3-26　实体 9

图 3-27　实体 10

项目4　连杆的造型

学习目标

通过学习图4-1所示连杆体和图4-2所示连杆头的造型，进一步熟悉草图曲线的绘制和拉伸命令的应用，掌握倒斜角、边倒圆、镜像特征和修剪体等命令的应用，能进行较复杂零件的造型。

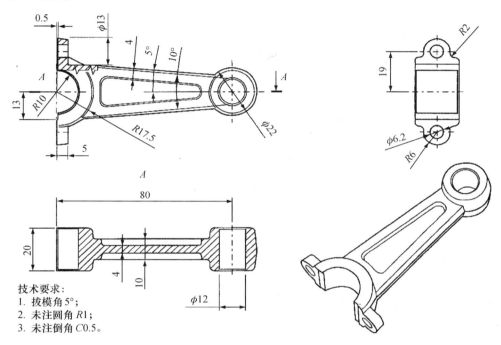

技术要求：
1. 拔模角5°；
2. 未注圆角R1；
3. 未注倒角C0.5。

图4-1　连杆体的示意图

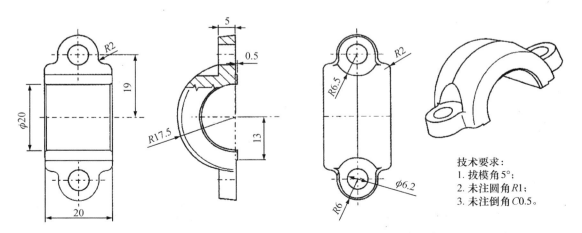

技术要求：
1. 拔模角5°；
2. 未注圆角R1；
3. 未注倒角C0.5。

图4-2　连杆头的示意图

🔧 任务分析

连杆的造型大致分为以下步骤：首先，绘制草图创建连杆体；其次，创建两端和中部的腔体，创建耳部连接孔；再次，创建圆角和倒角；最后，将连杆分割为两部分，如图4-3所示。

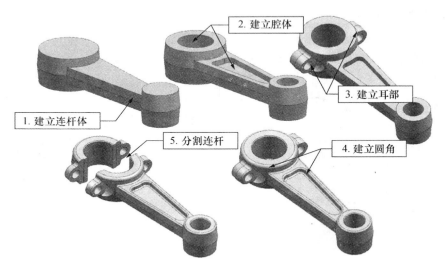

图4-3　连杆的造型步骤

👤 操作步骤

1. 新建文件

新建一个 NX 文件，名称为"connecting rod"。

2. 绘制草图

（1）绘制草图。以 XC-YC 平面作为草图平面，绘制草图如图4-4所示。

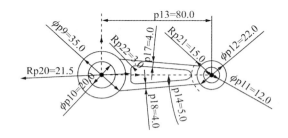

图4-4　连杆草图

3. 创建主体

（1）创建端部和中部实体。在【特征】工具条中单击【拉伸】按钮🔳，弹出【拉伸】对话框，按照图4-5和图4-6所示的步骤创建连杆端部和中部实体。

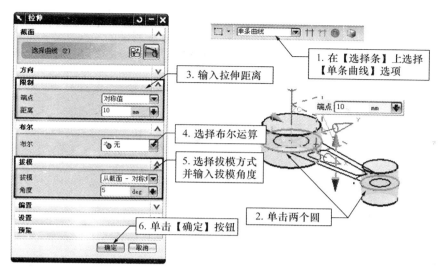

图 4-5   创建连杆端部实体步骤

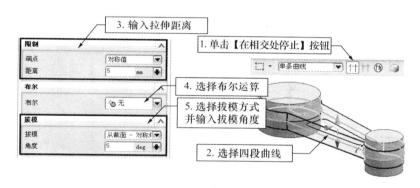

图 4-6   创建连杆中部实体步骤

工程师提示

　　要选择草图中的部分曲线进行拉伸造型，需要在选择条上设置【单条曲线】、【在相交处停止】选项。

　　（2）布尔求和。在【特征】工具条中单击【求和】按钮 ，弹出【求和】对话框，将连杆端部和中部进行求和，如图 4-7 所示。

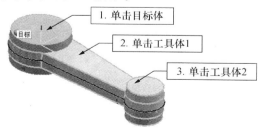

图 4-7   创建连杆求和实体

（3）创建通孔和腔体。在【特征】工具条中单击【拉伸】按钮，弹出【拉伸】对话框，按照图 4-8 所示的步骤创建连杆端部通孔，按照图 4-9 所示的步骤创建连杆中部凹腔。

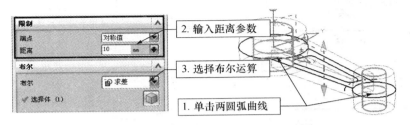

图 4-8 创建连杆端部通孔步骤

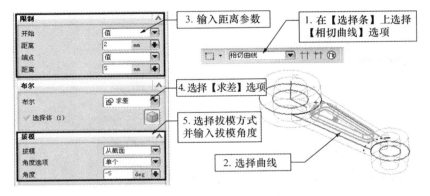

图 4-9 创建连杆中部凹腔步骤

4. 创建耳部

（1）绘制草图。以 YC-ZC 平面作为草图平面，绘制草图如图 4-10 所示。

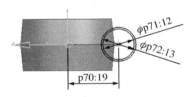

图 4-10 耳部草图

（2）创建圆台。使用【拉伸】命令，按照图 4-11 所示的步骤操作创建连杆耳部圆台。

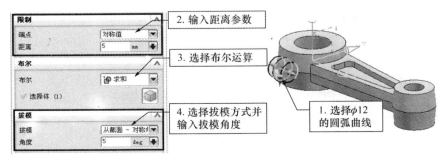

图 4-11 创建连杆耳部圆台步骤

（3）创建圆角。使用【边倒圆】命令 📐 创建耳部圆角，如图 4-12 所示。

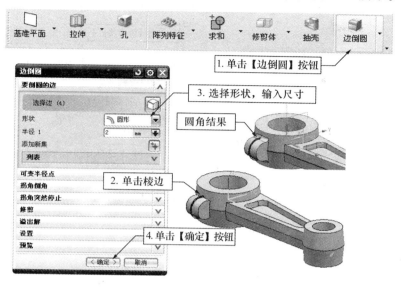

图 4-12   创建连杆耳部圆角步骤

（4）创建避让位置。使用【拉伸】命令 📐，按照图 4-13 所示的步骤操作，创建耳部螺钉避让位置。

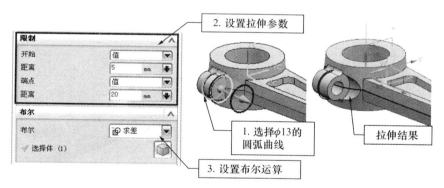

图 4-13   创建避让位置步骤

（5）创建通孔。使用【孔】命令 📐，以耳部圆弧圆心为孔的放置点创建通孔。

（6）镜像耳部。在【特征】工具条中单击【镜像特征】按钮 📐，弹出【镜像特征】对话框，按照图 4-14 所示的步骤操作，创建另一侧耳部实体。

5．创建倒斜角和圆角

（1）使用【倒斜角】命令 📐，对连杆端部通孔的棱边倒斜角 $C0.5$，如图 4-15 所示。

（2）使用【倒圆角】命令 📐，对连杆其他各处的棱边倒圆角 $R1$、$R2$，如图 4-15 所示。

6．创建连杆体

（1）创建分割曲面。以 XC- YC 平面作为草图平面，绘制草图如图 4-16 所示。使用【拉伸】命令 📐 创建片体，如图 4-17 所示。

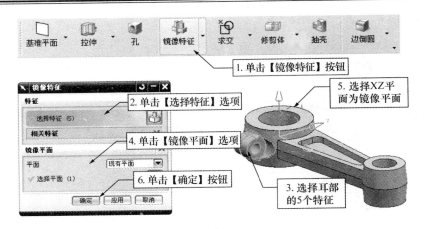

图 4-14　镜像连杆耳部特征步骤

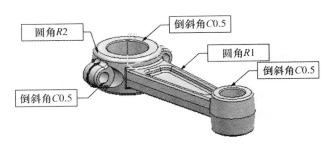

图 4-15　倒斜角和倒圆角位置

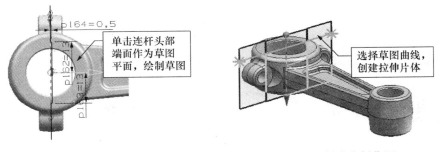

图 4-16　分割面草图曲线　　　　图 4-17　创建分割曲面

 工程师提示

对未封闭的曲线进行拉伸，将建立片体。

（2）创建连杆体。在【特征】工具条中单击【修剪体】按钮，弹出【修剪体】对话框，按照图 4-18 所示的步骤操作，创建连杆体，并保存文件。

7. 创建连杆盖

（1）另存文件。在菜单条依次单击【文件】|【另存为】，弹出【另存为】对话框，输入文件名称"connecting rod cap"，选择存储路径，单击【确定】按钮。

（2）修改修剪体特征。在部件导航器中双击修剪体节点，弹出【修剪体】对话框，单击【反向】按钮，将创建连杆盖实体，如图 4-18 所示，再次保存文件。

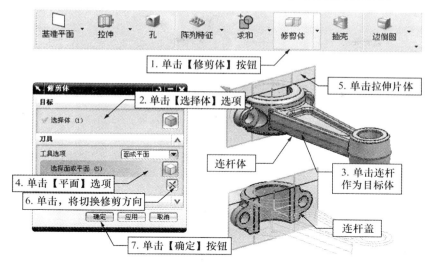

图 4-18　分割连杆体和连杆盖步骤

 知识总结

◆ 倒斜角

使用倒斜角命令可斜接一个或多个体的边。【倒斜角】对话框如图 1-9 所示，其参数含义如表 4-1 所示。

表 4-1　【倒斜角】对话框参数解释

选项组	选项名称	选项值与描述
边	选择边	用于选择要倒斜角的一条或多条边
偏置	横截面	指定一种方法为倒斜角的横截面输入偏置 【对称】——创建一个简单倒斜角，在所选边的每一侧有相同的偏置距离，如图 4-19（a）所示 【非对称】——创建一个倒斜角，在所选边的每一侧有不同的偏置距离，如图 4-19（b）所示 【偏置和角度】——创建具有单个偏置距离和一个角度的倒斜角，如图 4-19（c）所示
	距离和角度	指定偏置的距离值和角度值

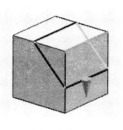

（a）对称

（b）非对称

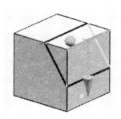

（c）偏置和角度

图 4-19　斜角类型示例

◆ 边倒圆

使用边倒圆命令可在两个面之间倒圆锐边。【边倒圆】对话框如图 4-12 所示，其参数含义如表 4-2 所示。

表 4-2 【边倒圆】对话框参数解释

选 项 组	选项名称	选项值与描述
要倒圆的边	⬛选择边	用于为边倒圆集选择边
	形状	用于指定圆角横截面的基础形状。从以下形状选项中选择： 【圆形】——使用单个手柄集控制圆形倒圆，如图 4-20（a）所示 【二次曲线】——二次曲线法和手柄集可控制对称边界边半径、中心半径和 Rho 值的组合，以创建二次曲线倒圆，如图 4-20（b）所示
	半径	为边集中的所有边设置半径值，当形状设置为圆形时可用
	二次曲线法	允许使用高级方法控制圆角形状，以创建对称二次曲线倒圆。当形状设置为二次曲线时可用 【边界和中心】——通过指定对称边界半径和中心半径定义二次曲线倒圆截面，如图 4-21（a）所示 【边界和 Rho】——通过指定对称边界半径和 Rho 值来定义二次曲线倒圆截面，如图 4-21（b）所示 【中心和 Rho】——通过指定中心半径和 Rho 值来定义二次曲线倒圆截面，如图 4-21（c）所示
	边界半径	为边集中的所有边界半径设置一个值。当形状设置为二次曲线且二次曲线法设置为边界和中心及边界和 Rho 时可用
	中心半径	为边集中的所有中心半径设置一个值。当形状设置为二次曲线且二次曲线法设置为边界和中心及中心和 Rho 时可用

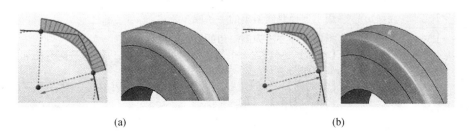

(a)   (b)

图 4-20　圆角类型示例

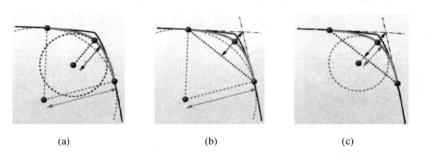

(a)   (b)   (c)

图 4-21　二次曲线圆角示例

◆ 拔模

使用拔模命令可相对于指定的矢量将拔模应用于面或体，如图 4-22 所示。

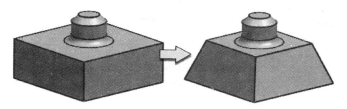

图 4-22　【拔模】命令应用示例

拔模命令通常用于对面应用斜率，以在塑模部件或模铸部件中使用，从而使得在模具或冲模分开时，这些面可以相互移开，而不是相互靠近滑动，如图 4-23 所示。

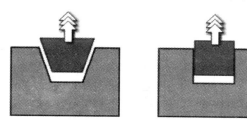

图 4-23　拔模的应用

通常，脱模方向是模具或冲模为了与部件分离而必须移动的方向。不过，如果为模具或冲模建模，则脱模方向是部件为了与模具或冲模分离而必须移动的方向。

在【拉伸】对话框中，可以通过设置【拔模】选项，直接创建具有拔模特征的实体。

◆ 镜像特征

使用镜像特征命令可镜像某个体内的一个或多个特征，用于构建对称部件。【镜像特征】对话框如图 4-14 所示，其参数含义如表 4-3 所示。

表 4-3　【镜像特征】对话框参数解释

选 项 组	选项名称	选项值与描述
特征	选择特征	用于选择部件中要镜像的特征
镜像平面	平面	用于确定镜像平面。选择现有平面、基准平面或平的面，或指定新平面

◆ 修剪体

使用修剪体可以通过面或平面来修剪一个或多个目标体，目标体呈修剪几何体的形状。必须至少选择一个目标体，并可以指定要保留的体部分以及要舍弃的部分。可以从同一个体中选择单个面或多个面，或选择基准平面，或定义新平面来修剪目标体。【修剪体】对话框如图 4-18 所示，其参数含义如表 4-4 所示。

表 4-4 【修剪体】对话框参数解释

选 项 组	选项名称	选项值与描述
目标	📦 选择体	用于选择要修剪的一条或多个目标体
工具	工具选项	列出要使用的修剪工具的类型
	📦 选择面或平面	用于从体或现有基准平面中选择一个或多个面以修剪目标体。多个工具面必须都属于同一个体。仅当面或平面为工具选项时，此项出现
	🗔 指定平面	用于选择一个新的参考平面来修剪目标体。仅当新平面是工具选项时，此项显示
	✖ 反向	反转修剪方向

思考练习

参照零件工程图创建三维实体，如图 4-24 和图 4-25 所示。

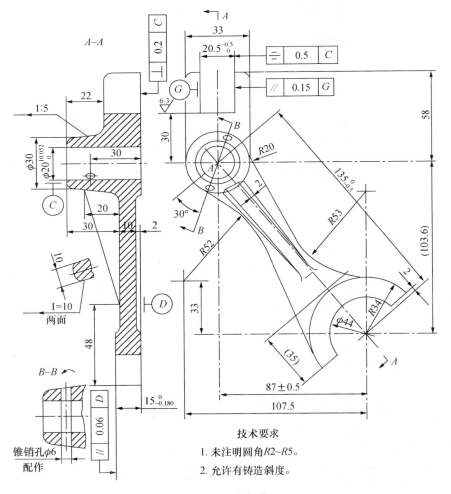

技术要求

1. 未注明圆角 R2~R5。

2. 允许有铸造斜度。

图 4-24 连杆体

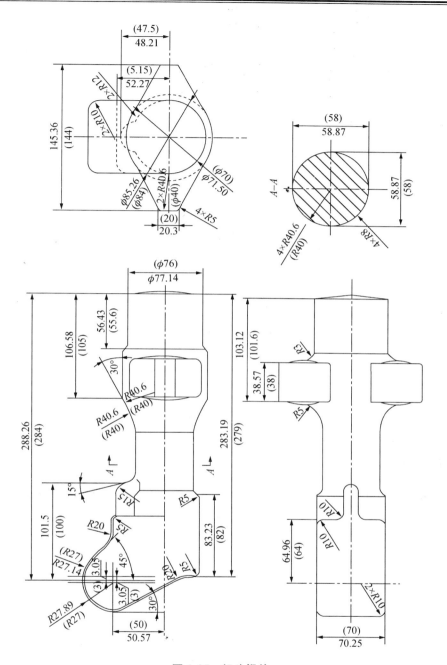

图 4-25　机头锻件

项目5　浇口套的造型

学习目标

通过学习图5-1所示注塑模具浇口套零件的造型，进一步熟悉草图曲线的绘制，掌握回转和基准平面等命令的应用，能进行较简单回转体零件的造型。

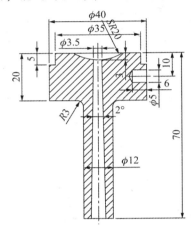

图5-1　浇口套的示意图

任务分析

浇口套的造型大致分为以下步骤：首先，绘制草图；其次，创建回转体；最后，创建圆角和盲孔，如图5-2所示。

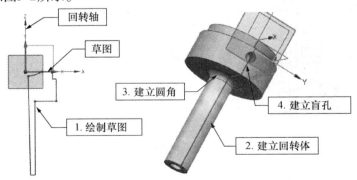

图5-2　浇口套的造型步骤

操作步骤

1. 新建文件

新建一个NX文件，名称为"sprue bushing"。

2. 绘制草图

以 XC-ZC 平面作为草图平面绘制草图，如图 5-3 所示。

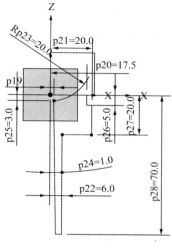

图 5-3 浇口套草图

3. 创建回转体

在【特征】工具条中单击【回转】按钮 ，弹出【回转】对话框，如图 5-4 所示。按照图 5-4 所示的步骤操作，创建回转体。

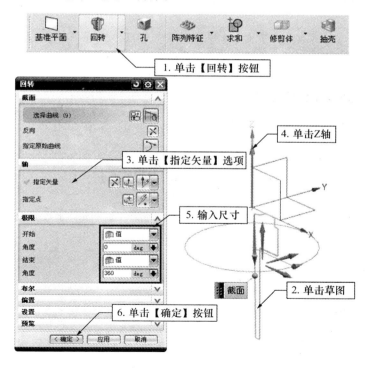

图 5-4 【回转】对话框与创建回转体步骤

4. 创建圆角

在【特征】工具条中单击【边倒圆】按钮，弹出【边倒圆】对话框，按照图 5-5 所示的步骤操作，创建圆角特征。

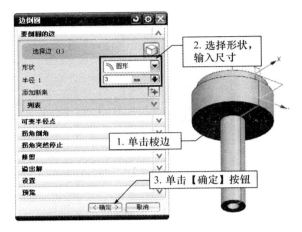

图 5-5　【圆角】对话框与创建圆角步骤

5. 创建盲孔

（1）创建基准平面。在【特征】工具条中单击【基准平面】按钮，弹出【基准平面】对话框，按照图 5-6 所示的步骤操作，创建基准平面。

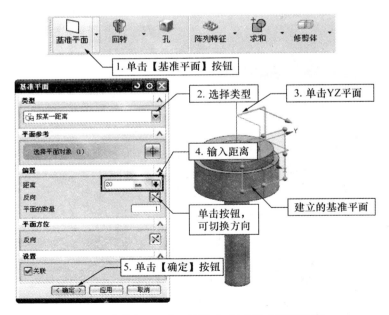

图 5-6　【基准平面】对话框与创建基准平面步骤

工程师提示

基于平面绘制草图时，需要确定绘制草图的平面。本步骤要在圆柱面上建立孔，必须先创建和圆柱面相切的基准平面，然后以此基准平面绘制孔的位置点，建立孔特征。

（2）创建盲孔。在【特征】工具条中单击【孔】按钮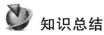，弹出【孔】对话框，按照图 5-7 所示的步骤操作，创建盲孔。

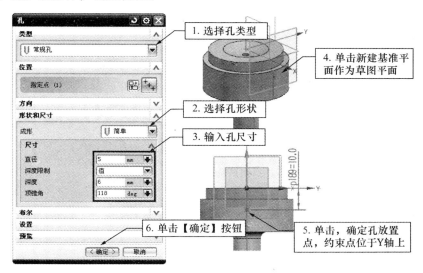

图 5-7　【孔】对话框与创建孔步骤

6. 保存文件

隐藏基准坐标系、基准平面和草图，然后保存文件。

知识总结

◆ 回转

使用回转命令，可通过绕轴旋转截面曲线来创建回转体特征，如图 5-8 所示为截面①绕轴②旋转 0 到 180 度，生成回转体零件。【回转】对话框如图 5-4 所示，其中主要参数如表 5-1 所示。

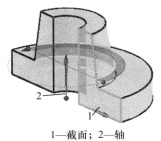

1—截面；2—轴

图 5-8　【回转】命令应用示例

表 5-1　【回转】对话框参数解释

选 项 组	选项名称	选项值与描述
截面	◻选择曲线	用于选择曲线、边、草图或面来定义截面
	◻绘制截面	打开草图任务环境，用于绘制特征内部截面的草图。退出草图任务环境时，草图被自动选做要旋转的截面
轴	指定矢量	用于选择并定位旋转轴。旋转轴不得与截面曲线相交，但可以和一条边重合 用于选择曲线或边，或使用矢量构造器◻或矢量列表◻来定义矢量。反向◻用于反向轴与旋转的方向
	指定点	在以下情况下定位轴矢量：在矢量创建期间（例如，使用单元表面法向方法），软件不自动判断点。希望在非自动判断的点处定位矢量
限制	开始/结束	用于设置起始和终止限制角度，表示旋转体的相对两端绕旋转轴，从 0 到 360 度 【值】——用于指定旋转角度的值 【直至选定对象】——用于指定作为旋转的起始或终止位置的面、实体、片体或相对基准平面
	角度	指定旋转的起始角或终止角（以度计），正值或负值均有效。当输入的起始角值大于终止角值时，会导致系统按负方向旋转。在起始或终止限制设置为值时，显示此项
	◻选择对象	可以选择实体、片体、面或相对基准平面以定义限制。在起始或终止限制设置为直至选定对象时，显示此项
布尔	布尔	使用布尔选项可指定旋转特征与所接触体的交互方式 【无】——创建独立的旋转实体 【求和】——将两个或多个体的旋转体积合成为单个体 【求差】——从目标体移除旋转体积 【求交】——创建一个体，这个体包含由旋转和与之相交的现有体共享的体积
	◻选择体	用于选择目标体。当布尔选项设置为求和、求差或求交时，此项出现
偏置	偏置	使用此选项可通过将偏置添加到截面的两侧来创建实体 【无】——不将偏置添加到旋转截面 【两侧】——将偏置添加到旋转截面的两侧
	开始/结束	用于为偏置指定线性尺寸的起点与终点。正值与负值均有效
设置	体类型	用于指定旋转特征是一个或多个实体还是片体 要获得实体，此截面必须为封闭轮廓线串或带有偏置的开放轮廓线串 如果指定偏置，系统会创建实体
	公差	用于在创建或编辑过程中替代默认的距离公差。默认值取自建模首选项距离公差的设置 新的距离公差对整个当前会话中的后续旋转操作均有效

◆ 基准平面

使用基准平面命令可创建平面参考特征，以辅助定义其他特征。【基准平面】对话框如图 5-6 所示，其中主要参数如表 5-2 所示。

表 5-2　【基准平面】对话框参数解释

选 项 组	选项名称	选项值与描述
类型	—	列出用于创建平面的构造方法 【自动判断】——根据所选的对象确定要使用的最佳基准平面类型 【以一定距离】——创建与一个平的面或其他基准平面平行且相距指定距离的基准平面 【成一角度】——按照与选定平面对象所呈的特定角度创建平面 【平分线】——在两个选定的平的面或平面的中间位置创建平面。如果输入平面互相呈一角度，则以平分角度放置平面 【曲线和点】——使用点、直线、平的边、基准轴或平的面的各种组合来创建平面（例如，三个点、一个点和一条曲线等） 【两直线】——使用任何两条线性曲线、线性边或基准轴的组合来创建平面 【相切】——创建与一个非平的曲面相切的基准平面（相对于第二个所选对象） 【通过对象】——在所选对象的曲面法向上创建基准平面 【点和方向】——根据一点和指定方向创建平面 【曲线上】——在曲线或边上的位置处创建平面 【YC-ZC 平面】、【XC-ZC 平面】、【XC-YC 平面】——沿工作坐标系（WCS）或绝对坐标系（ABS）的 YC-ZC、XC-ZC 或 XC-YC 轴创建固定的基准平面 【视图平面】——创建平行于视图平面并穿过 WCS 原点的固定基准平面 【固定】——仅当编辑固定基准平面时可用 【系数】——使用含 A、B、C 和 D 系数的方程在 WCS 或绝对坐标系上创建固定的非关联基准平面。$Ax + By + Cz = D$ 【构成的】——在编辑使用列表上没有的选项所创建的平面时，此项可用。要访问已构造平面的所有参数，必须使用基准平面对话框
特定于类型的选项	—	根据选择的创建平面的方法，将出现不同的选项，例如选择对象、曲线、点等
平面方位	备选解	在使用当前参数创建基准平面时有多个可能解的情况下显示。单击或按 Page Down 或 Page Up 键时，显示用于创建平面的其他可能的解
	反向	使平面法向反向。平面预览始终在其中心处显示箭头，该箭头指向平面法向的方向
偏置	偏置	适用于所有基准平面类型，按某一距离、系数、YC-ZC 平面、XC-ZC 平面、XC-YC 平面及视图平面除外 选定后，可以按指定的方向和距离创建与所定义平面偏置的基准平面
	距离	在选中偏置复选框且定义了基本平面时，此项可用。输入值，或将手柄拖动到所需的偏置距离
	反向	在选中偏置复选框且定义了基本平面时，此项可用。这样可以反转偏置方向
设置	关联	使基准平面成为关联特征，该特征显示在部件导航器中，名称为基准平面。如果清除关联复选框，则基准平面作为固定类型而创建，并作为非关联的固定基准平面显示在部件导航器中。在编辑基准平面时，通过更改类型、重新定义其父几何体并选中关联复选框，可将固定基准平面更改为相对平面

思考练习

参照如图 5-9 和图 5-10 所示的零件工程图创建三维实体。

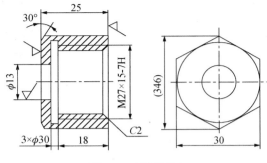

图 5-9　压紧螺母

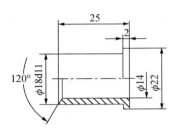

图 5-10　泵料压盖

项目 6　齿轮轴的造型

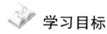 **学习目标**

通过学习图 6-1 所示齿轮轴零件的造型，了解 GC 工具箱创建齿轮的方法，进一步熟悉回转和基准平面等命令的应用，并理解回转体零件的造型思路。

已知：齿轮的齿数 $Z = 14$，模数 $m = 2.5$。

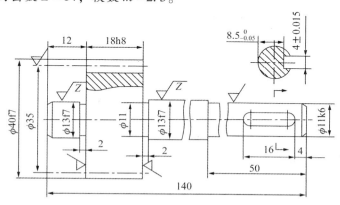

图 6-1　齿轮轴的示意图

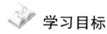 **任务分析**

齿轮轴的造型大致分为三步：首先，创建齿轮；其次，创建阶梯轴；最后，创建键槽，如图 6-2 所示。

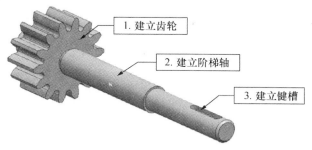

图 6-2　齿轮轴的造型步骤

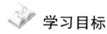 **操作步骤**

1. 新建文件

新建一个 NX 文件，名称为"driving shaft"。

2. 创建齿轮

在【齿轮建模】工具条中单击【圆柱齿轮建模】按钮 ，弹出【渐开线圆柱齿轮建模】对话框，按照图 6-3 所示的步骤操作，创建圆柱齿轮。

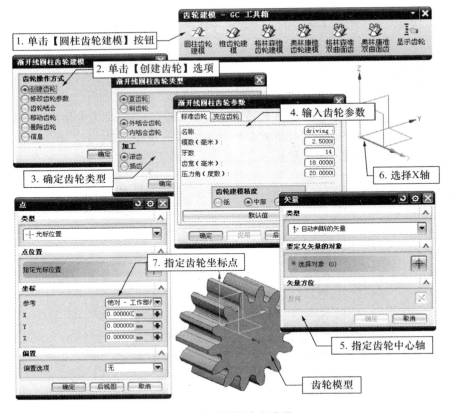

图 6-3　创建圆柱齿轮步骤

工程师提示

　　使用 GC 工具箱提供的齿轮建模工具可以快速生成柱齿轮、锥齿轮、格林森锥齿轮、奥林康锥齿轮、格林森准双曲线齿轮、奥林康准双曲线齿轮。

　　3. 创建阶梯轴

　　以 XC-ZC 平面作为草图平面，绘制草图，如图 6-4 所示。使用【回转】命令 ，以 XC 轴为回转轴，创建阶梯轴。使用【倒斜角】命令 ，对轴两端创建倒角特征。

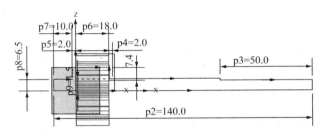

图 6-4　阶梯轴草图

4. 创建键槽

（1）绘制草图。在【特征】工具条中单击【基准平面】按钮 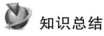，弹出【基准平面】对话框。按照图 6-5 所示的步骤创建基准平面；然后再以基准平面作为草图平面绘制草图。

（2）创建键槽。使用【拉伸】命令 ，对键槽草图进行拉伸，参数如图 6-6 所示。

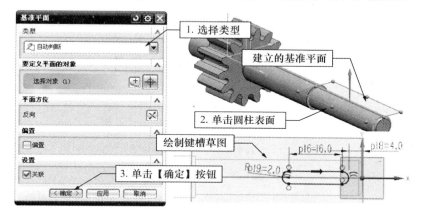

图 6-5　绘制键槽草图步骤

图 6-6　键槽拉伸的参数

5. 保存文件

隐藏基准坐标系、基准平面和草图，然后保存文件。

知识总结

◆ NX 中国工具箱

NX 中国工具箱（NX for China）是 Siemens PLM Software 为了更好地满足中国用户对于 GB 的要求，缩短 NX 导入周期，专为中国用户开发使用的工具箱，它提供了以下的功能。

（1）GB 标准定制，包括常用中文字体、定制的三维模型模板和工程图模板、定制的用户默认设置、GB 制图标准、GB 标准件库、GB 螺纹等。

（2）GC 工具箱（GC Toolkits）为用户提供了一系列的工具，内容覆盖了包括模型设计质量检查工具、属性填写工具、标准化工具、视图工具、制图（注释、尺寸）工具、齿轮建模工具、弹簧建模工具、加工准备工具等。

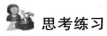 **思考练习**

参照图 6-7 所示的零件工程图创建三维实体，其中，齿轮的齿数 $Z = 14$，模数 $m = 2.5$。

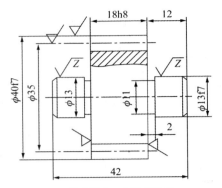

技术要求：未注倒角C1。

图 6-7　从动齿轮轴

项目 7　旋钮的造型

学习目标

通过学习图 7-1 所示旋钮零件的造型，进一步理解造型的基本思路，能综合应用拉伸、回转、布尔运算等命令进行造型，同时掌握镜像体、抽壳命令的应用。

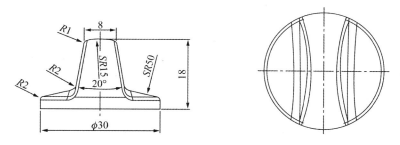

图 7-1　旋钮的示意图

任务分析

旋钮的造型大致分为以下步骤：首先，绘制草图；其次，创建半个旋钮和整个旋钮；最后，创建圆角和壳体，如图 7-2 所示。

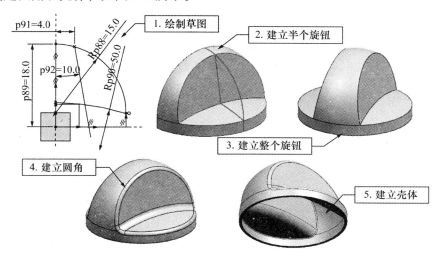

图 7-2　旋钮的造型步骤

操作步骤

1. 新建文件

新建一个 NX 文件，名称为"knob"。

2. 绘制草图

以 XC-ZC 平面作为草图平面，参照图 7-1 所示绘制草图，如图 7-3 所示。

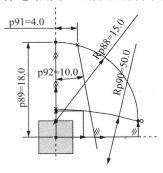

图 7-3　旋钮草图

🛠 **工程师提示**

也可以绘制完整的旋钮草图，即绘制旋钮单侧的草图后，使用【镜像】命令得到另一侧的草图。

3. 创建半个旋钮

（1）创建拉伸体。使用【拉伸】命令 ▣，以图 7-4（a）所示草图为对象，创建拉伸体。

（2）创建回转体 1。使用【回转】命令 ▣，以图 7-4（b）所示草图为对象，以 ZC 轴为回转轴，创建回转体 1。

（3）创建回转体 2。使用【回转】命令 ▣，以图 7-4（c）所示草图为对象，以 ZC 轴为回转轴，创建回转体 2。

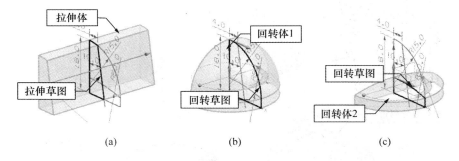

(a)　　　　　　　　　　(b)　　　　　　　　　　(c)

图 7-4　创建拉伸体和回转体

🛠 **工程师提示**

● 要选择草图中的部分曲线进行拉伸或回转造型，需要在选择条上设置【单条曲线】、【在相交处停止】选项。

● 如果绘制的是旋钮的完整草图，在进行拉伸或回转造型时可以创建双侧的拉伸体或回转体。

（4）创建一半旋钮。在【特征】工具条中单击【求交】按钮 ▣，弹出【求交】对话框，按照图 7-5 所示的步骤操作，将拉伸体和回转体 1 进行求交。再单击【求和】按钮，弹出【求和】对话框，按照图 7-6 所示的步骤操作，将求交运算的结果和回转体 2 进行求和。

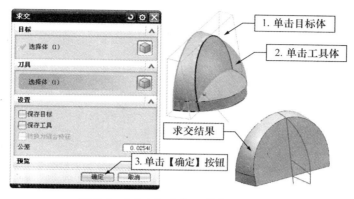

图 7-5 【求交】布尔运算步骤和结果

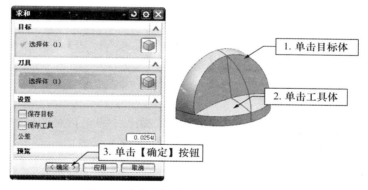

图 7-6 【求和】布尔运算步骤和结果

4. 创建整个旋钮

（1）创建另一半旋钮。在【特征】工具条中单击【镜像体】按钮，弹出【镜像体】对话框，按照图 7-7 所示的步骤操作，创建旋钮的另一半实体。

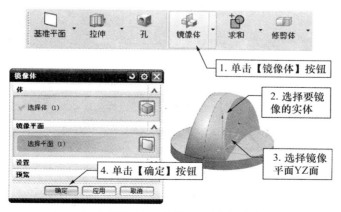

图 7-7 【镜像体】对话框与创建镜像体步骤

（2）创建整个旋钮。在【特征】工具条中单击【求和】按钮 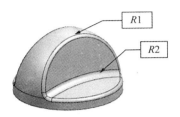，将两个实体进行求和，创建整个旋钮。

5. 创建圆角

在【特征】工具条中单击【边倒圆】按钮，创建圆角，如图7-8所示。注意，先做 $R2$ 的圆角，再做 $R1$ 的圆角。

$R1$

$R2$

图7-8   圆角位置与尺寸

工程师提示

倒圆角时，先做 $R2$ 的圆角，再做 $R1$ 的圆角。

6. 创建壳体

在【特征】工具条中单击【抽壳】按钮，弹出【抽壳】对话框，按照图7-9所示的步骤操作，创建壳体。

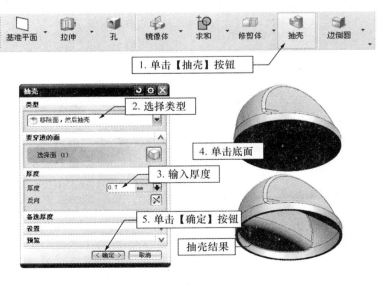

图7-9   【抽壳】对话框与创建壳体步骤

7. 保存文件

隐藏基准坐标系和草图，然后保存文件。

 知识总结

◆ **镜像体**

使用镜像体命令可跨基准平面镜像整个体，【镜像体】对话框如图 7-7 所示。例如，可以使用此命令形成左侧或右侧部件的另一侧的部件，如图 7-10 所示。镜像体时，镜像特征与原始体关联。不能在镜像体中编辑任何参数。

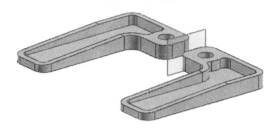

图 7-10　【镜像体】命令应用示例

◆ **抽壳**

使用抽壳命令可挖空实体，或通过指定壁厚来绕实体创建壳，也可以对面指派个体厚度或移除个体面。【抽壳】对话框如图 7-9 所示，其中主要参数如表 7-1 所示。

表 7-1　【抽壳】对话框参数解释

选 项 组	选项名称	选项值与描述
类型	—	选择以下选项之一指定要创建的抽壳种类： 【移除面，然后抽壳】——在抽壳之前移除体的面 【抽壳所有面】——对体的所有面进行抽壳，且不移除任何面
要穿透的面	选择面	用于从要抽壳的体中选择一个或多个面。如果有多个体，则所选的第一个面将决定要抽壳的体。仅当类型为移除面，然后抽壳时显示
要抽壳的体	选择体	用于选择要抽壳的体。仅当类型为对所有面抽壳时，显示此项
厚度	厚度	为壳设置壁厚
	厚度方向反向	也可以右击厚度方向箭头并选择反向，或者直接双击方向箭头
备选厚度	选择面	用于选择厚度集的面。可以对每个面集中的所有面指派统一厚度值
	厚度	为当前选定的厚度集设置厚度值。此值与厚度选项中的值无关

 思考练习

参照零件工程图 7-11 和图 7-12 来创建三维实体。

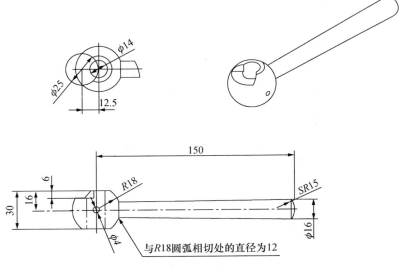

图 7-11　手柄

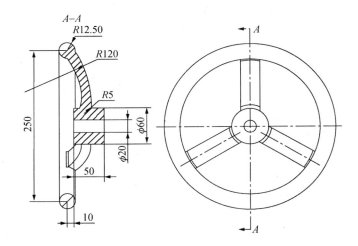

图 7-12　手轮

项目 8　电机盖的造型

学习目标

通过学习图8-1所示电机盖零件的造型,掌握阵列特征命令的应用,并进一步理解造型的基本思路,能综合应用拉伸和回转命令进行造型。

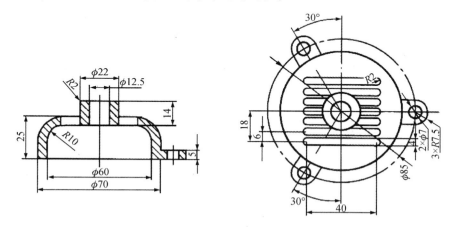

图 8-1　电机盖的示意图

任务分析

电机盖的造型大致分为以下步骤:首先,创建盖体;其次,创建耳部;最后,创建散热槽和轴孔,如图8-2所示。

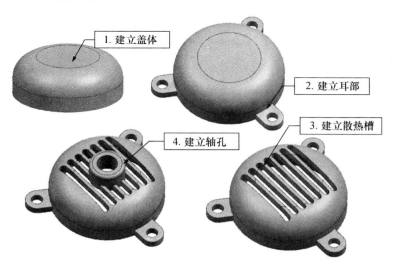

图 8-2　电机盖的造型步骤

操作步骤

1. 新建文件

新建一个 NX 文件，名称为"motor cover"。

2. 创建盖体

以 XC-ZC 平面作为草图平面绘制草图，如图 8-3（a）所示。使用【回转】命令📷创建盖体，如图 8-3（b）所示。

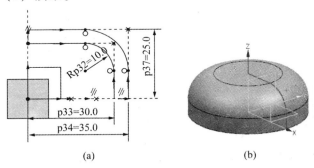

（a）　　　　　　　　　　　　　　（b）

图 8-3　盖体草图与实体

3. 创建耳部

（1）以 XC-YC 平面作为草图平面绘制草图，如图 8-4（a）所示。使用【拉伸】命令📷创建耳部实体，如图 8-4（b）所示。

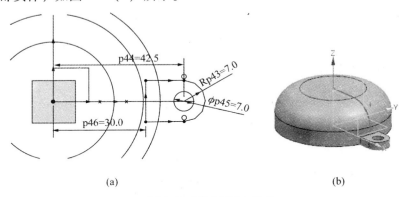

（a）　　　　　　　　　　　　　　（b）

图 8-4　耳部草图与实体

（2）在【特征】工具条中单击【阵列特征】按钮📷，弹出【阵列特征】对话框，按照图 8-5 所示的步骤操作，创建另外两个耳部特征。

4. 创建散热槽

（1）以 XC-YC 平面作为草图平面绘制草图，如图 8-6（a）所示。使用【拉伸】命令📷创建散热槽特征，如图 8-6（b）所示。

（2）在【特征】工具条中单击【阵列特征】按钮📷，弹出【阵列特征】对话框，按照图 8-7 所示的步骤操作，创建其他散热槽特征。

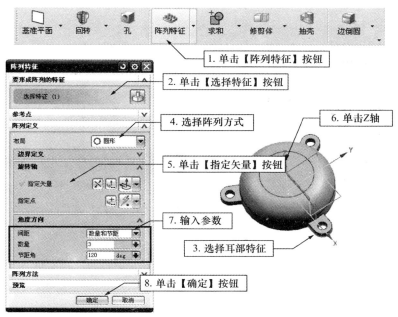

图 8-5　【阵列特征】对话框和圆形阵列步骤

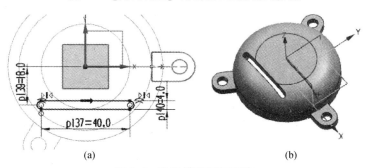

图 8-6　散热槽草图与实体

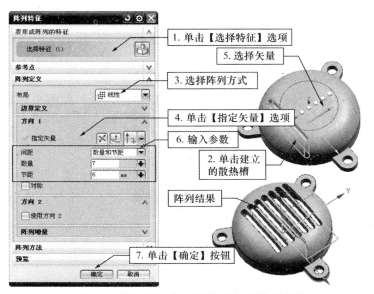

图 8-7　【阵列特征】对话框和矩形阵列步骤

5. 创建轴孔

（1）创建基准平面。在【特征】工具条中单击【基准平面】按钮□，弹出【基准平面】对话框，按照图 8-8 所示的步骤操作，创建距离盖体内部平面 14 mm 的基准平面。

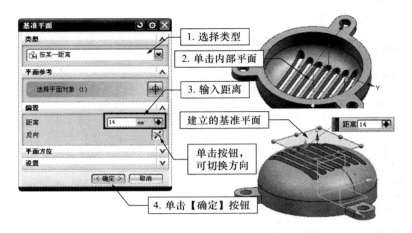

图 8-8　创建基准平面步骤

（2）创建圆柱特征。以创建的基准平面作为草图平面绘制圆形草图，如图 8-9（a）所示。使用【拉伸】命令□创建圆柱特征，高度为 14 mm，如图 8-9（b）所示。

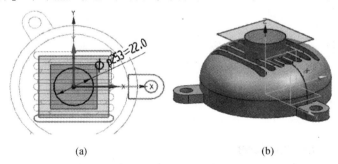

(a)　　　　　　　　　　　　　　　　(b)

图 8-9　圆柱草图与实体

（3）创建圆角。使用【倒圆角】命令□，对圆柱棱边倒圆角 R2，如图 8-10 所示。

（4）创建通孔。使用【孔】命令□，创建 φ12.5 的通孔，如图 8-10 所示。

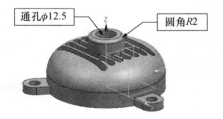

图 8-10　创建圆角和通孔

6. 保存文件

隐藏基准坐标系、基准平面和草图，然后保存文件。

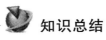 **知识总结**

◆ 阵列特征

使用【阵列特征】命令可创建特征的阵列（线性、圆形、多边形等），并通过各种选项来定义阵列边界、实例方位、旋转方向和变化。可以使用多种阵列布局来创建阵列特征。【阵列特征】对话框如图 8-5 和图 8-7 所示，其中主要参数如表 8-1 所示。

表 8-1　【阵列】对话框参数解释

选 项 组	选项名称	选项值与描述
要形成阵列的特征	选择特征	用于选择一个或多个要形成阵列的特征
参考点	指定点	用于为输入特征指定位置参考点
阵列定义	布局	设置阵列布局，有以下 7 个可用的布局： 【线性】——使用一个或两个方向定义布局 【圆形】——使用旋转轴和可选径向间距参数定义布局 【多边形】——使用正多边形和可选径向间距参数定义布局 【螺旋式】——使用螺旋路径定义布局 【沿】——定义一个跟随连续曲线链和（可选）第二条曲线链或矢量的布局 【常规】——使用由一个或多个目标点或坐标系定义的位置来定义布局 【参考】——使用现有阵列定义布局
	边界定义	当布局设置为沿、常规或参考时，此项不可用 【无】——不定义边界。阵列不会限制为边界 【面】——用于选择面的边、片体边或区域边界曲线来定义阵列边界，如图 8-11（a）所示 【曲线】——用于通过选择一组曲线或创建草图来定义阵列边界，如图 8-11（b）所示 【排除】——用于通过选择曲线或创建草图来定义从阵列中排除的区域，如图 8-11（c）所示
	方向 1、方向 2	线性阵列和沿阵列时可用，设置阵列的矢量、间距、数量等参数
	旋转轴、角度方向（多边形定义）、辐射	当是圆形阵列和多边形阵列时，此项可用，用来设置阵列的旋转轴、角度等参数
	螺旋式	当是螺旋式阵列时，此项可用，用来设置螺旋阵列的方向、节距和角度等参数
	从、至	当是常规阵列时，此项可用，用来设置常规阵列的位置等参数
	参考	当是参考阵列时，此项可用，用来设置参考阵列的相关参数
	阵列增量	打开阵列增量对话框，可在其中定义要随着图样数量的增长而应用到实例的增量，如图 8-12 所示
	实例点	用于选择表示要创建的布局、阵列定义和实例方位的点。使用选择条上的"捕捉点"选项来过滤点选择

续表

选 项 组	选项名称	选项值与描述
	方位	确定布局中的阵列特征是保持恒定方位还是跟随从某些定义几何体派生的方位。当布局设置为参考时，此项不可用 【与输入相同】——将阵列特征定向到与输入特征相同的方位，如图8-13（a）所示 【遵循图样】——将阵列特征定向为跟随布局的方位，如图8-13（b）所示。当布局设置为线性或参考时，此项不可用 【垂直于路径】——根据所指定路径的法向或投影法向来定向阵列特征，如图8-13（c）所示。当布局设置为沿时，此项可用 【CSYS到CSYS】——根据指定的CSYS定向阵列特征，如图8-13（d）所示。当布局设置为沿、常规或参考时，此项不可用
	跟随面	保持与实例位置处所指定面垂直的阵列特征的方位，如图8-14所示。指定的面必须在同一个体上。当布局设置为沿或参考时，此项不可用
阵列方法	方法	【变化】——支持将多个特征作为输入以创建阵列特征对象，并评估每个实例位置处的输入 【简单】——支持将单个特征作为输入以创建阵列特征对象，只对输入特征进行有限评估 【重用的参考】——将显示输入特征的定义参数列表。可以选择将在图样中每个实例位置处评估的特征参数。当方法设置为变化时，此项可用
设置	输出	确定在进行阵列操作期间创建的对象类型 【阵列特征】——从指定的输入创建"阵列特征"对象 【复制特征】——创建输入特征的单个副本，而不是"特征阵列"对象 【特征复制到特征组中】——创建输入特征的单个副本并将其放入"特征"组中

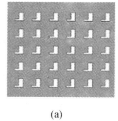
(a)

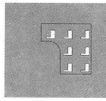
(b)

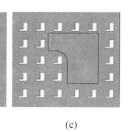
(c)

图 8-11　阵列边界示例

图 8-12　阵列增量示例

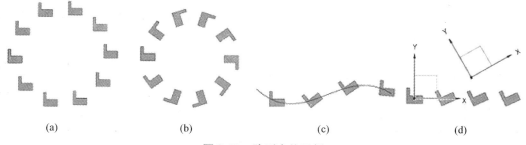
(a)　　　　　　　　　　(b)　　　　　　　　　　(c)　　　　　　　　　　(d)

图 8-13　阵列方位示例

图 8-14　跟随面示例

思考练习

1. 参照图 8-15 和图 8-16 所示的零件工程图创建三维实体。

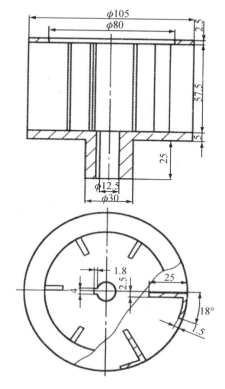

图 8-15　叶轮

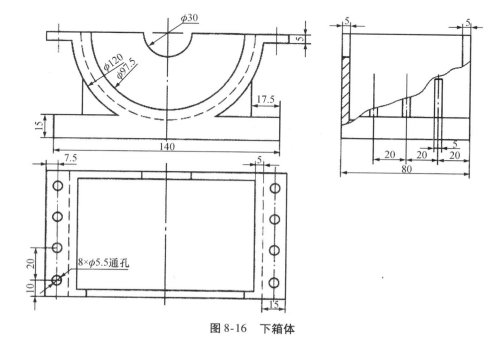

图 8-16　下箱体

2. 参照图 8-17、图 8-18 所示的零件立体图创建三维实体。

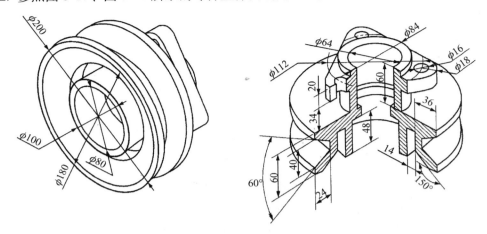

图 8-17　皮带轮

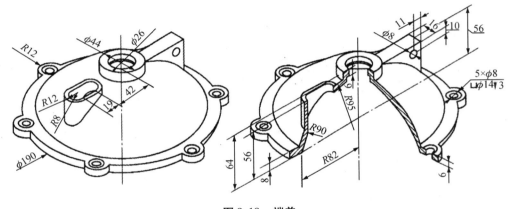

图 8-18　端盖

项目 9　阀体的造型

 学习目标

通过学习图9-1所示阀体零件的造型，进一步熟悉草图功能，能够绘制较复杂的草图；掌握螺纹命令的应用；进一步理解造型的基本思路，能综合应用拉伸、回转、布尔运算等命令进行造型。

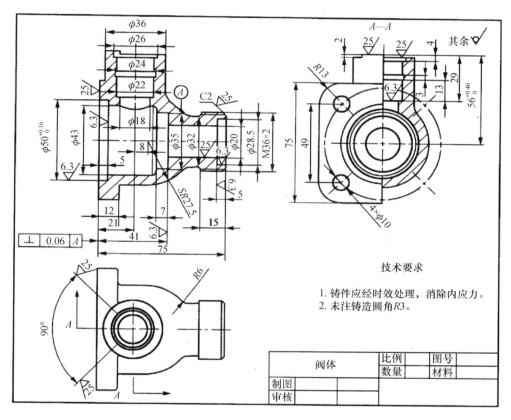

图 9-1　阀体的工程图

任务分析

阀体的造型大致分为以下步骤：首先，绘制草图；其次，创建阀身回转体、创建阀座拉伸体；再次，创建阀腔；最后，创建圆角、倒角、通孔和螺纹，如图9-2所示。

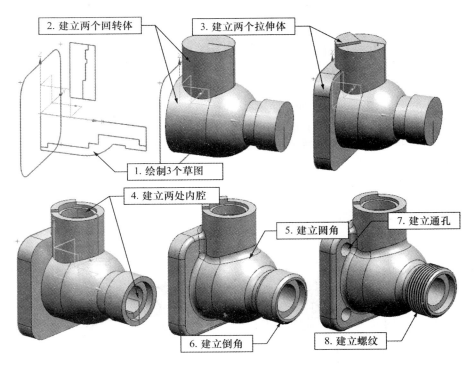

图 9-2   阀体的造型步骤

操作步骤

1. 新建文件

新建一个 NX 文件，名称为"valve body"。

2. 绘制草图

以 XC-ZC 平面作为草图平面绘制阀身草图 1 和草图 2，如图 9-3 和图 9-4 所示。以 YC-ZC 平面作为草图平面绘制阀座草图 3，如图 9-5 所示。

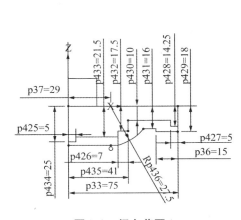

图 9-3   阀身草图 1

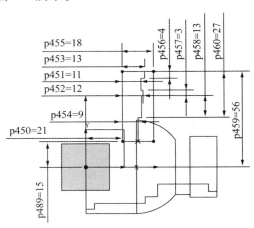

图 9-4   阀身草图 2

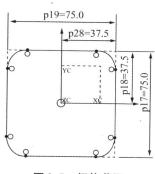

图 9-5　阀体草图

3. 创建阀身

（1）创建阀身中部回转体。使用【回转】命令![icon]，选择草图 1 中的外侧连续封闭的曲线作为截面线，选择草图 1 中上部水平线段作为旋转轴，创建阀身中部回转体，操作步骤如图 9-6 所示。

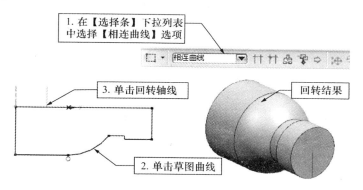

图 9-6　创建阀身主体步骤

（2）创建阀身上部回转体。参照上述步骤，创建阀身上部回转体，如图 9-7 所示。

（3）创建顶部凸台。以阀身顶部平面作为草图平面绘制草图，再使用【拉伸】命令![icon]、设置【布尔】选项为【求差】，创建顶部凸台，草图与拉伸特征如图 9-7 所示。

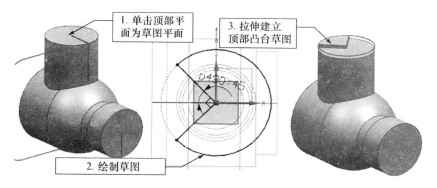

图 9-7　创建阀身上部实体和顶部凸台

4. 创建阀座

使用【拉伸】命令 ，单击草图 3 创建阀座，如图 9-8 所示。

图 9-8　创建阀座实体

5. 创建阀腔

使用【回转】命令 ，按照图 9-9 所示的步骤操作，选择草图 1 中内侧封闭连续的曲线作为截面线，再选择旋转轴创建阀腔 1。按照相同的方法，创建上部阀腔 2。

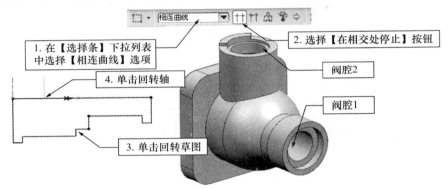

1. 在【选择条】下拉列表中选择【相连曲线】选项
2. 选择【在相交处停止】按钮
阀腔2
4. 单击回转轴
阀腔1
3. 单击回转草图

图 9-9　创建阀腔特征

6. 创建圆角、倒角和通孔

分别使用【边倒圆】命令 、【倒斜角】命令 和【孔】命令 ，创建图 9-10 所示的圆角、倒角和通孔等特征。

R3
R6
φ10
C2

图 9-10　圆角、倒角和通孔特征位置及尺寸

7. 创建螺纹

在【特征】工具条中单击【螺纹】按钮 ，弹出【螺纹】对话框，按照图 9-11 所示的步骤操作，创建螺纹特征。

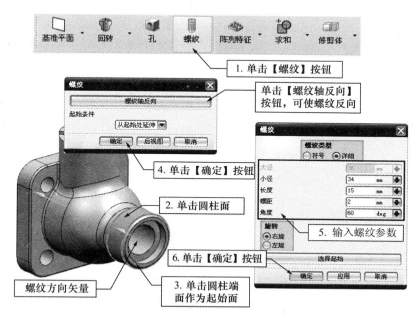

图 9-11　【创建】对话框和创建螺纹步骤

 工程师提示

如果【特征】工具条中未显示【螺纹】按钮，需要向工具条中添加，或在菜单栏中依次单击【插入】|【设计特征】|【螺纹】，启动该命令。

8. 保存文件

隐藏基准坐标系和草图，然后保存文件。

 知识总结

◆ 螺纹

螺纹命令用于在具有圆柱面的特征上创建符号螺纹或详细螺纹，这些特征包括孔、圆柱、凸台以及圆周曲线扫掠产生的减去或增添部分。【螺纹】对话框如图 9-11 所示，其中主要参数如表 9-1 所示。

表 9-1　【螺纹】对话框参数解释

选 项 组	选项名称	选项值与描述
螺纹类型	符号	符号螺纹以虚线圆的形式显示在要攻螺纹的一个或多个面上，如图9-12（a）所示。符号螺纹使用外部螺纹表文件（可以根据特定螺纹要求来定制这些文件），以确定默认参数。符号螺纹一旦创建就不能复制或引用
	详细	详细螺纹看起来更实际，如图 9-12（b）所示。但由于其几何形状及显示的复杂性，创建和更新的时间都要长得多。详细螺纹使用内嵌的默认参数表，可以在创建后复制或引用
螺纹通用参数	大径	螺纹的最大直径
	小径	螺纹的最小直径
	螺距	从螺纹上某一点到下一螺纹的相应点之间的距离，平行于轴进行测量
	角度	螺纹的两个面之间的夹角，在通过螺纹轴的平面内测量
	长度	所选起始面到螺纹终端的距离，平行于轴进行测量
符号螺纹特有参数	标注	引用为符号螺纹提供默认值的螺纹表条目
	轴尺寸/螺纹钻尺寸	对于外部符号螺纹，会出现轴尺寸。对于内部符号螺纹，会出现螺纹钻尺寸
	方法	定义螺纹加工方法，如碾轧、切削、磨削和铣削
	牙型	包括统一、公制、梯形、acme 和偏齿等
	螺纹头数	用于指定是要创建单头螺纹还是多头螺纹
	手工输入	在创建符号螺纹的过程中打开此选项，用于为某些选项输入值，否则这些值要由查找表提供。当此选项打开时，【从表格中选择】选项将关闭；如果在符号螺纹创建期间此选项关闭，则【大径】、【小径】、【螺距和角度】参数值取自查找表，用户不能在这些字段中手工输入任何值
螺纹旋向	旋转	用于指定螺纹应为右手（顺时针方向）还是左手（逆时针方向）
螺纹方位	选择起始	用于通过在实体或基准平面上选择平的面，为符号螺纹或详细螺纹指定新的起始位置。 【螺纹轴反向】——用于指定相对于起始平面切削螺纹的方向。在起始条件下，从起始处延伸会使系统生成的完整螺纹超出起始平面。不延伸将导致系统在起始平面处开始生成螺纹，如图 9-13 所示

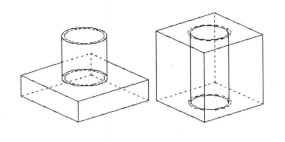

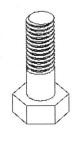

(a)　　　　　　　　　　　　　　　　　　　　　(b)

图 9-12　螺纹类型

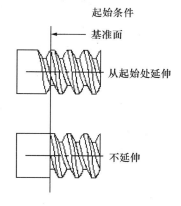

图 9-13　螺纹轴反向

思考练习

参照图 9-14 所示的零件工程图创建三维实体。

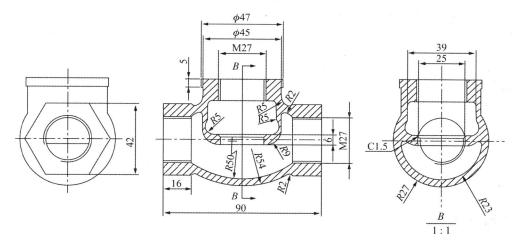

图 9-14　球阀体

项目 10　泵体的造型

学习目标

通过学习图 10-1 所示泵体零件的造型，能够绘制中等复杂的草图，并能够综合应用所学命令进行中等复杂零件的造型。

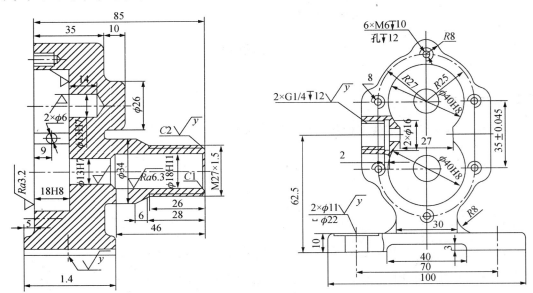

图 10-1　泵体的示意图

任务分析

泵体的造型大致分为以下步骤：首先创建主体和内腔；其次，创建外部凸台；再次，创建各孔、倒角和圆角；最后，创建螺纹，如图 10-2 所示。

操作步骤

1. 新建文件

新建一个 NX 文件，名称为"pump body"。

2. 绘制草图

以 XC-ZC 平面作为草图平面，按照图 10-3 所示的步骤绘制草图。首先，绘制参考线；其次，绘制单侧曲线；最后，以中心线镜像得到另一侧曲线。

3. 创建主体

使用【拉伸】命令 ，按照图 10-4 所示的步骤对草图进行拉伸，创建泵体外形。

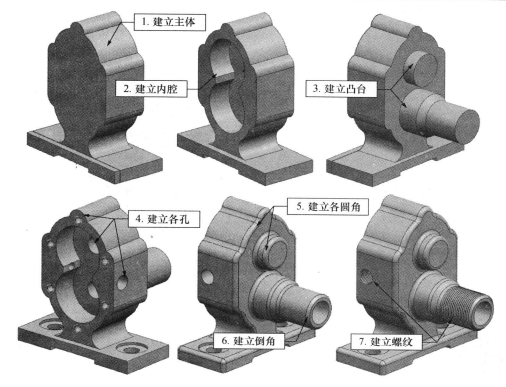

图 10-2　泵体的造型步骤

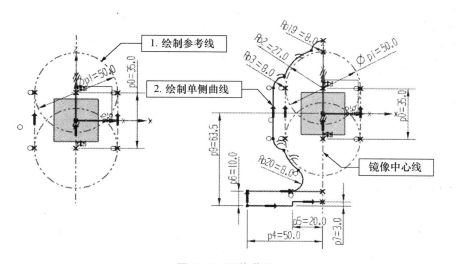

图 10-3　泵体草图

4. 创建内腔

首先，以泵体侧面作为草图平面绘制内腔轮廓草图，如图 10-5 所示；其次，使用【拉伸】命令■创建泵体内腔。

5. 创建凸台

使用【拉伸】命令■和【回转】命令■创建泵体外侧凸台，如图 10-6 所示。

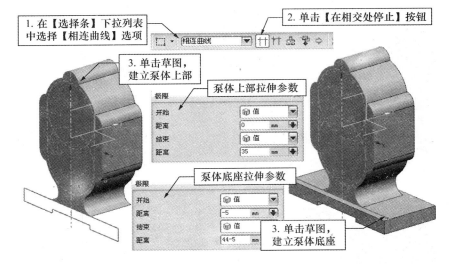

图 10-4　创建泵体外形步骤

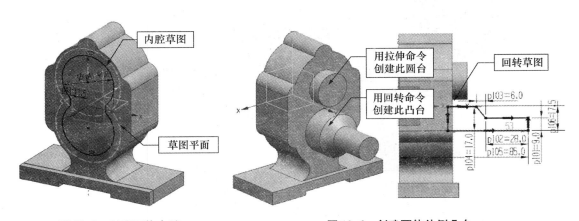

图 10-5　创建泵体内腔　　　　　　　图 10-6　创建泵体外侧凸台

6. 创建油孔

使用【基准平面】命令 ▢，创建距离 XC-ZC 平面为 9 mm 的基准平面。以此平面作为草图平面绘制油孔草图，使用【回转】命令 ▣ 创建两个油孔，如图 10-7 所示。

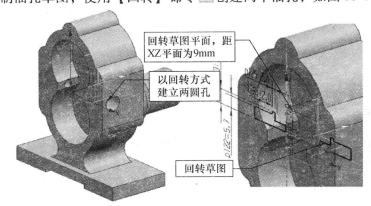

图 10-7　创建油孔步骤

7. 创建孔

使用【孔】命令 🔲 创建泵体上的各个孔，如图 10-8 所示。

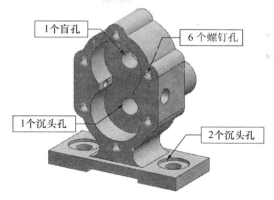

图 10-8　创建孔特征

8. 创建倒角

使用【倒斜角】命令 🔲 创建两处的倒角特征，如图 10-9 所示。

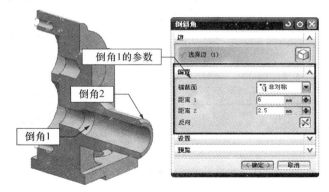

图 10-9　创建倒角特征

9. 创建圆角

使用【边倒圆】命令 🔲 创建圆角特征，如图 10-10 所示。

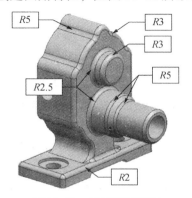

图 10-10　创建圆角特征

10. 创建螺纹

在【特征】工具条中单击【螺纹】按钮 ，弹出【螺纹】对话框，按照图 10-11 所示的步骤创建外部螺纹，按照图 10-12 所示的步骤创建内部螺纹。

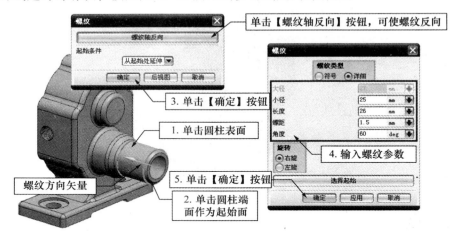

图 10-11　创建外部螺纹步骤

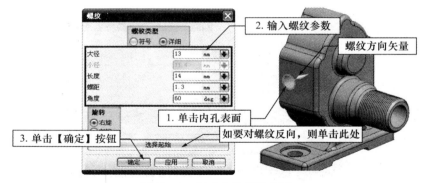

图 10-12　创建内部螺纹步骤

11. 保存文件

隐藏基准坐标系、基准平面和草图，然后保存文件。

 知识总结

造型思路小结

造型初期应先进行总体分析，将模型划分为几个组成部分，并确定各个部分构建的先后顺序。接下来依据每个部分的形状特征判断出应该使用的造型方法，按顺序依次进行造型。

一般先使用拉伸或回转的造型方法构建模型的基本特征，然后进行细节特征的造型，如边倒圆、倒斜角和拔模等，最后进行各种孔的造型。

使用拉伸或回转方法进行造型时，关键是绘制草图。绘制草图时使用镜像曲线、阵列曲线等命令可以提高草图的绘图效率。

思考练习

参照图 10-13 ～ 图 10-15 所示的零件工程图创建三维实体。

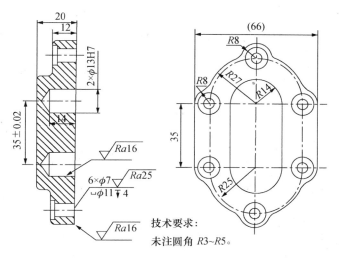

图 10-13　泵盖

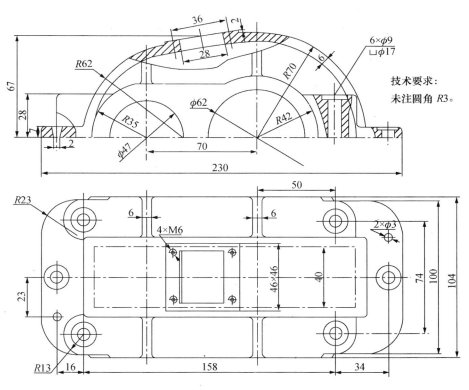

图 10-14　减速器上箱体

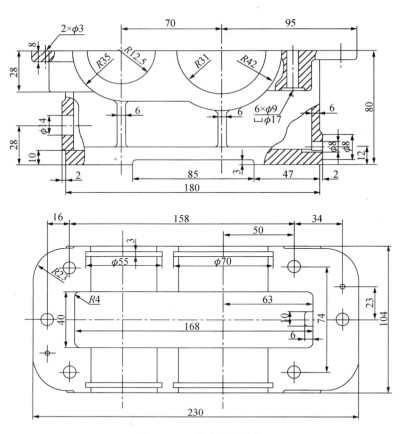

图 10-15　减速器下箱体

项目 11　弹簧的造型

学习目标

通过学习图 11-1 所示矩形弹簧零件的造型，掌握基于路径的草图的绘制方法，掌握螺旋线、扫掠命令的应用，能进行简单扫掠体零件的造型。

已知：弹簧基圆直径为 26 mm，高度为 70 mm，圈数为 5 圈，截面为矩形，长宽尺寸为 9 mm×6 mm。

任务分析

弹簧的造型大致分为以下步骤：首先，绘制草图；其次，创建扫掠体；最后，修剪端底平面，如图 11-2 所示。

图 11-1　弹簧的实体模型

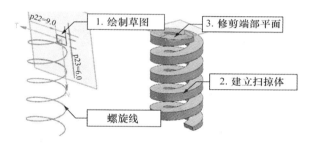

图 11-2　弹簧的造型步骤

操作步骤

1. 新建文件

新建一个 NX 文件，名称为"spring"。

2. 绘制草图

（1）绘制引导线。在菜单条中单击【插入】|【曲线】|【螺旋线】，弹出【螺旋线】对话框，按照图 11-3 所示的步骤绘制螺旋线。

（2）绘制截面线。在【直接草图】工具条中单击【草图】按钮　，弹出【创建草图】对话框，按照图 11-4 所示步骤操作，在螺旋线端点以【基于路径】方式创建草图平面，进入草图环境并绘制草图。

工程师提示

基于路径绘制的草图是一种特定类型的受约束草图，可用来创建用于扫掠特征的轮廓。草图平面和指定的路径位置垂直。

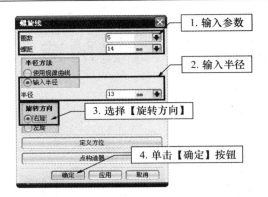

图 11-3 【螺旋线】对话框与创建螺旋线步骤

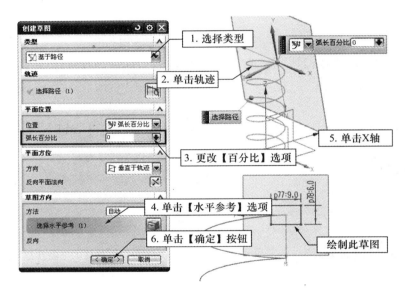

图 11-4 【创建草图】对话框与绘制草图步骤

3. 创建扫掠体

（1）添加【曲面】工具条。在工具条区任意位置单击鼠标右键，从右键快捷菜单中勾选【曲面】选项，把【曲面】工具条添加到当前界面。

（2）创建扫掠体。在【曲面】工具条中单击【扫掠】按钮，弹出【扫掠】对话框，按照图 11-5 所示的步骤操作，创建扫掠体。

4. 修剪端部平面

（1）创建基准平面。创建距离 XC-YC 平面为 70 mm 的基准平面。

（2）修剪弹簧端部平面。在【特征】工具条中单击【修剪体】按钮，弹出【修剪体】对话框，按照图 11-6 所示的步骤操作，修剪弹簧一个端部使其成为平面。再次使用【修剪体】命令，以基准坐标系中的 XC-YC 平面为修剪平面，修剪弹簧另一个端部。

5. 保存文件

隐藏基准坐标系、基准平面和草图，然后保存文件。

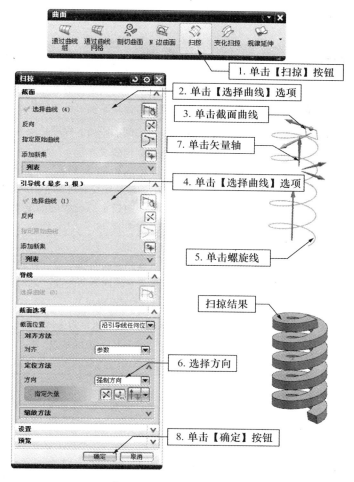

图 11-5　【扫掠】对话框与创建扫掠体步骤

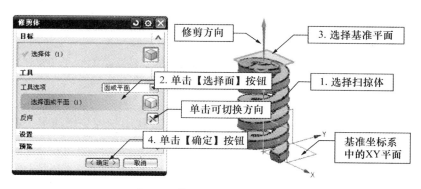

图 11-6　【修剪体】对话框与修剪端部平面步骤

 知识总结

◆ 螺旋线

使用螺旋线命令可指定螺旋线绕其轴的圈数、螺距（每圈之间的距离）、旋转方向、方位以及固定或可变半径，从而创建螺旋线。【螺旋线】对话框如图 11-3 所示，其中主要参数如表 11-1 所示。

表 11-1 【螺旋线】对话框参数解释

选 择 组	选项名称	选项值与描述
尺寸参数	圈数	用于指定螺旋线绕螺旋轴旋转的圈数，值必须大于 0（零） 值为 1 表示一个螺旋圈。值为 0.5 表示半个螺旋圈
	螺距	沿螺旋轴设置螺旋线各圈之间的距离。螺距必须大于等于零
	半径方法	选择以下方法之一来指定如何定义半径： 【使用规律曲线】——打开规律函数对话框，可选择一种规律来控制螺旋线的半径。由规律定义的螺旋线具有可变半径，如图 11-7（a）所示 【输入半径】——在半径框中指定螺旋线的固定半径的值。半径在整段螺旋线范围内保持恒定，如图 11-7（b）所示
	旋转方向	用于指定绕螺旋轴旋转的方向 【右手】——螺旋线从基点开始向右侧卷曲（逆时针） 【左手】——螺旋线从基点开始向左侧卷曲（顺时针）
位置参数	定义方位	按用户定义的方向与位置创建螺旋线 如果不使用此选项，则将 +ZC 方向作为生成方向
	点构造器	显示点对话框，用于定义螺旋线方位的基点 如果不使用此选项，则基点值为当前的 XC＝0、YC＝0 及 ZC＝0

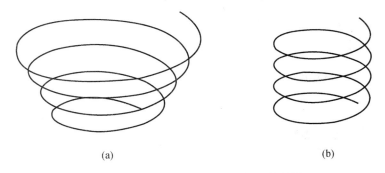

(a)   (b)

图 11-7 不同半径方法产生的螺旋线效果

◆ 扫掠

使用【扫掠】命令可通过沿一条、两条或三条引导线串扫掠一个或多个截面，来创建实体或片体。【扫掠】对话框如图 11-5 所示，其中主要参数如表 11-2 所示。

表 11-2 【扫掠】对话框参数解释

选 项 组	选项名称	选项值与描述
截面	⬚ 选择曲线	用于选择多达 150 条截面线串
	⬚ 指定原始曲线	用于更改闭环中的原始曲线
	⬚ 添加新集	将当前选择添加到截面组的列表框中，并创建新的空截面 还可以在选择截面时，通过按鼠标中键来添加新集

选 项 组	选项名称	选项值与描述
截面	列表	列出现有的截面线串集。选择线串集的顺序可以确定产生的扫掠，如图 11-8 所示 ☒【移除】——从列表中移除选定的线串 ⬆【向上移动】——通过在列表中将选定的线串向上移动，可以对线串集的顺序进行重排序 ⬇【向下移动】——通过在列表中将选定的线串向下移动，可以对线串集的顺序进行重排序
引导线 （最多 3 条）	⤴选择曲线	用于选择多达三条线串来引导扫掠操作 引导线串控制扫掠方向上体的方位和比例。引导线串可以由一个对象或多个对象组成，并且每个对象既可以是曲线、实体边，也可以是实体面。每条引导线串的所有对象都必须是光顺且连续的。如果所有的引导线串形成了闭环，则可以将第一个截面线串重新选择为最后一个截面线串 可以选择一条、两条或三条引导线 【一条引导线】——将一条引导线用于简单的平移扫掠。使用方位及缩放选项，可以沿扫掠控制截面线串的方位及比例。图 11-9 所示为截面通过一条引导线进行扫掠，并使用恒定面积规律进行缩放 【两条引导线】——要沿扫掠定向截面时，使用两条引导线。图 11-10（a）所示为使用一条引导线扫掠的截面，图 11-10（b）和（c）所示为使用两条引导线扫掠的截面。使用两条引导线时，截面线串沿第二条引导线进行定向。可以使用缩放选项来缩放截面，缩放可以是横向的，也可以是均匀的。图 11-10（b）所示为使用两条引导线扫掠并横向缩放的截面，图 11-10（c）所示为使用两条引导线扫掠并均匀缩放的截面 【三条引导线】——要剪切独立轴上的体时，使用三条引导线。使用三条引导线时，第一条与第二条引导线用于定义体的方位与缩放，第三条引导线用于剪切该体。图 11-11（a）所示为使用一条引导线扫掠的结果，图 11-11（b）所示为使用两条引导线扫掠的结果，图 11-11（c）所示为使用三条引导线扫掠的结果
	⤵指定原始曲线	用于更改闭环中的原始曲线
	列表	列出现有的引导线串。线串集的选择顺序不影响产生的扫掠
脊线	选择曲线	用于选择脊线。 使用脊线可以控制截面线串的方位，并避免在导线上不均匀分布参数导致的变形。当脊线串处于截面线串的法向时，该线串状态最佳。图 11-12（a）所示为未使用脊线而生成的非均匀的等参数曲面结果，图 11-12（b）所示为已使用脊线而生成的均匀的等参数曲面结果
截面选项	⤴截面位置	截面在引导对象的中间时，这些选项可以更改产生的扫掠。选择单个截面时可用 【沿引导线任何位置】——可以沿引导线在截面的两侧进行扫掠。如图 11-13（a）所示 【引导线末端】——可以沿引导线从截面开始仅在一个方向进行扫掠。如图 11-13（b）所示
	插值	确定截面之间的曲面过渡的形状。选择多个截面时可用 【线性】——可以按线性分布使曲面从一个截面过渡到下一个截面，如图 11-14（a）所示。NX 将在每一对截面线串之间创建单独的面 【三次】——可以按三次分布使曲面从一个截面过渡到下一个截面，如图 11-14（b）所示。NX 将在所有截面线串之间创建单个面 【倒圆】——使曲面从一个截面过渡到下一个截面，以便连续的段是 G1 连续的，如图 11-14（c）所示。NX 将在所有截面线串之间创建单个面

选 项 组	选项名称	选项值与描述
对齐方法	对齐	可定义在定义曲线之间的等参数曲线的对齐 【参数】——可以沿定义曲线将等参数曲线所通过的点以相等的参数间隔隔开。NX 使用每条曲线的全长 【弧长】——可以沿定义曲线将等参数曲线将要通过的点以相等的弧长间隔隔开。NX 使用每条曲线的全长 【根据点】——可以对齐不同形状的截面线串之间的点。如果截面线串包含任何尖角，则建议使用根据点来保留它们。当使用多个截面线串来定义扫掠曲面时，此项可用
	保留形状	通过强制公差值为 0.0 来保持尖角。清除此选项时，NX 会将截面中的所有曲线都逼近为单个样条，并扫掠该逼近线。仅当对齐设置为参数或根据点时，此项才可用
定位方法	方位	方位是在截面沿引导线移动时控制该截面的方位。使用单个引导线串时，此项可用 【固定】——可在截面线串沿引导线移动时保持固定的方位，且结果是平行的或平移的简单扫掠，如图 11-15（a）所示 【面的法向】——可以将局部坐标系的第二个轴与一个或多个面（沿引导线的每一点指定公共基线）的法矢对齐。这样可以约束截面线串以保持和基本面或面的一致关系。【选择面】⬛ 选项可用 【矢量方向】——可以将局部坐标系的第二根轴与在引导线串长度上指定的矢量对齐。矢量方向方法是非关联的。如果为方位方向选择矢量，并稍后更改该矢量方向，则扫掠特征不更改到新方向。【指定矢量】⬛ 选项可用 【另一曲线】——使用通过连接引导线上相应的点和其他曲线（就好像在它们之间构造了直纹片体）获取的局部坐标系的第二根轴，来定向截面。【选择曲线】⬛ 选项可用• 【一个点】——与另一曲线相似，不同之处在于获取第二根轴的方法是通过引导线串和点之间的三面直纹片体的等价物。【指定点】⬛ 选项可用 【角度规律】——用于通过规律子函数来定义方位的控制规律。仅可用于一个截面线串的扫掠。规律类型选项可用 【强制方向】——用于在截面线串沿引导线串扫掠时通过矢量来固定剖切平面的方位。图 11-15（b）所示为当方位设置成矢量方向 ZC 时的扫掠结果。【指定矢量】⬛ 选项可用
缩放方法	缩放	缩放是在截面沿引导线进行扫掠时，可以增大或减小该截面的大小。在使用一条引导线时，以下选项可用： 【恒定】——可以指定沿整条引导线保持恒定的比例因子 【倒圆功能】——在指定的起始与终止比例因子之间允许线性或三次缩放，这些比例因子对应于引导线串的起点与终点 【另一曲线】——类似于定位方法组中的另一曲线方法。此缩放方法以引导线串和其他曲线或实体边之间的划线长度上任意给定点的比例为基础 【一个点】——和另一曲线相同，但是使用点而不是曲线。当同时还使用用于方位控制的相同点构建一个三面扫掠体时，请选择此方法 【面积规律】——用于通过规律子函数来控制扫掠体的横截面积 【周长规律】——类似于面积规律，不同之处在于控制扫掠体的横截面周长，而不是它的面积 在使用两条引导线时以下选项可用： 【均匀】——可在横向和竖直两个方向缩放截面线串，如图 11-16（a）所示

选 项 组	选项名称	选项值与描述
		【横向】——仅在横向上缩放截面线串，如图 11-16（b）所示 【另一曲线】——使用曲线作为缩放引用以控制扫掠曲面的高度。如图 11-16（c）所示。此缩放方法无法控制曲面方位。使用此方法可以避免在使用三条引导线创建扫掠曲面时出现曲面变形问题，如图 11-17 所示
	比例因子	用于指定值以在扫掠截面线串之前缩放它。截面线串绕引导线的起点进行缩放。在缩放设置为恒定时可用
	倒圆功能	用于将截面之间的倒圆设置为线性或三次，为倒圆功能的开始与结束指定值。在缩放设置为倒圆功能时，此项可用
设置	体类型	用于为扫掠特征指定片体或实体。要获取实体，截面线串必须形成闭环
	重新构建	所有重新构建选项都可用于截面线串及引导线串。单击设置组中的引导线或截面选项卡，以分别为引导线或线串选择重新构建选项。在设置组中选中保留形状复选框时，或在对齐方法组中，对齐设置为弧长时，截面选项卡不可用 通过重新定义截面或引导曲线的阶次和/或段来构造高质量的曲面。尽管这些线串可以表示所需的形状，但如果它们的结点放置不合适，或是线串之间存在阶次差异，则输出曲面可能比所需的更为复杂，或等参数线可能过度弯曲。这会使高亮显示不正确，并妨碍曲面之间的连续性 【无】——可以关闭重新构建 【阶次和公差】——使用指定的阶次重新构建曲面。可插入段以达到指定的公差 指定的阶次在 U 和 V 向有效。较高阶次的曲线可以降低不需要的拐点和曲率上发生明显更改的可能性。NX 按需插入结点，以实现 G0、G1 和 G2 公差设置 【自动拟合】——可以在所需公差内创建尽可能光顺的曲面 指定最高次数与最大段数。NX 尝试重新构建曲面而不会一直添加段，直至最高次数。如果该曲面超出公差范围，则 NX 会一直添加段，直至指定的最大段数为止。如果该曲面仍然超出公差范围，则 NX 会创建该曲面并显示一条出错消息
	公差	指定输入几何体与得到的体之间的最大距离： 【（G0）位置】——指定距离公差的值 【（G1）相切】——指定角度公差的值

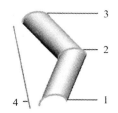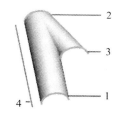

1—截面1；2—截面2；3—截面3；4—引导线

图 11-8　选择截面线的顺序对扫掠结果的影响

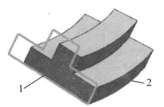

1—截面线；2—引导线

图 11-9　截面通过一条引导线进行扫掠，并使用恒定面积规律进行缩放

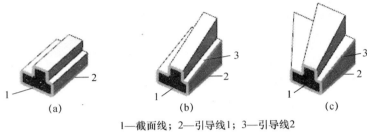

1—截面线；2—引导线1；3—引导线2

图 11-10　通过两条引导线进行扫掠的结果

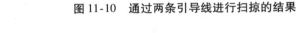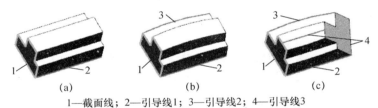

1—截面线；2—引导线1；3—引导线2；4—引导线3

图 11-11　通过三条引导线进行扫掠的结果

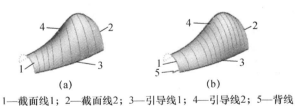

1—截面线1；2—截面线2；3—引导线1；4—引导线2；5—脊线

图 11-12　脊线对扫掠结果的影响

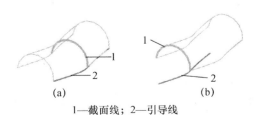

1—截面线；2—引导线

图 11-13　截面位置对扫掠结果的影响

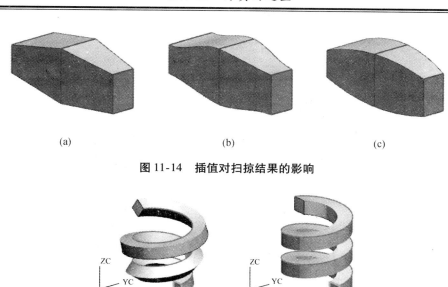

图 11-14　插值对扫掠结果的影响

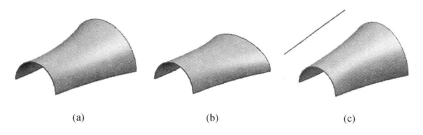

图 11-15　方位对扫掠结果的影响

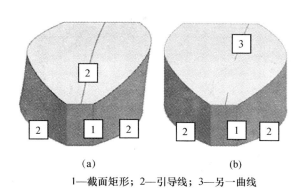

1—截面矩形；2—引导线；3—另一曲线

图 11-17　另一曲线对扫掠结果的影响

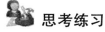 **思考练习**

参照图 11-18 和图 11-19 零件立体图创建三维实体。

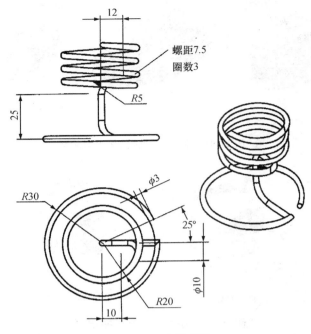

图 11-18　支撑弹簧

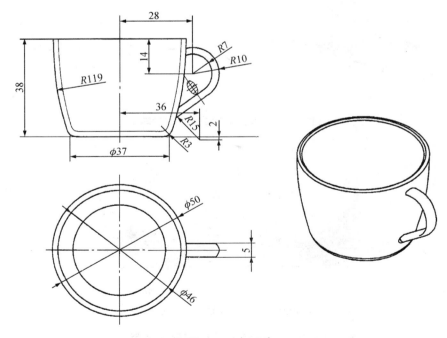

图 11-19　水杯

项目 12 网篮的造型

学习目标

通过学习图 12-1 所示网篮零件的造型，进一步熟悉基于路径的草图和扫掠命令，掌握实例几何体命令的应用，能进行简单扫掠体零件的造型。

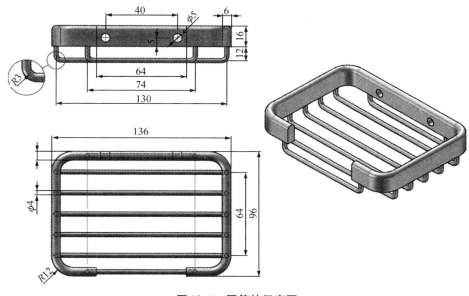

图 12-1 网篮的示意图

任务分析

网篮的造型大致分为以下步骤：首先，创建框架；其次，创建横梁；最后，创建孔，如图 12-2 所示。

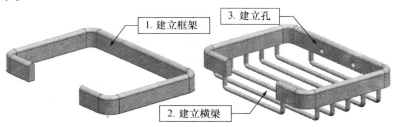

图 12-2 网篮的造型步骤

操作步骤

1. 新建文件

新建一个 NX 文件，名称为 "basket"。

2. 创建框架

（1）创建拉伸体。以 XC-YC 平面作为草图平面绘制草图，如图 12-3 所示。使用【拉伸】命令 对草图进行拉伸 16 mm。

（2）倒圆角。使用【边倒圆】命令 创建圆角特征，如图 12-4 所示。

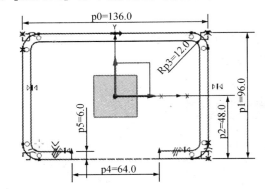

图 12-3　框架草图

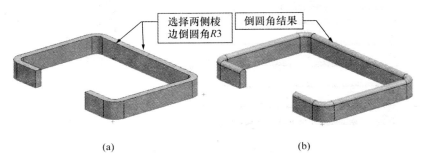

(a)　　　　　　　　　　　　　　(b)

图 12-4　创建圆角

3. 创建长横梁

（1）绘制引导线。以 XC-ZC 平面作为草图平面绘制草图，如图 12-5 所示。

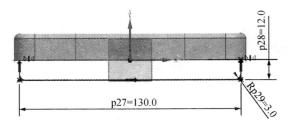

图 12-5　引导线草图

🛠 工程师提示

使用【扫掠】命令创建实体或片体时，引导线必须切向连续。

（2）绘制截面线。在【直接草图】工具条中单击【草图】按钮 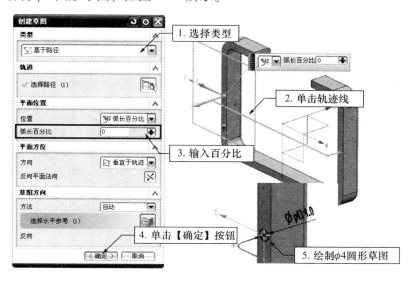，弹出【创建草图】对话框，在引导线端点以【基于路径】方式创建草图平面进入草图环境，以引导线端点为圆心绘制 $\phi 4$ 圆形草图，如图 12-6 所示。

图 12-6　截面线草图

（3）创建扫掠体。在【曲面】工具条中单击【扫掠】按钮 ，弹出【扫掠】对话框，按图 12-7 所示步骤操作，创建扫掠体。

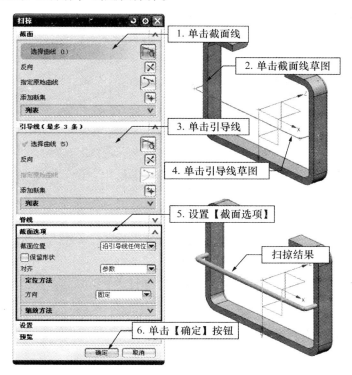

图 12-7　【扫掠】对话框与创建扫掠体步骤

（4）复制横梁。在【特征】工具条中单击【实例几何体】按钮 ，弹出【实例几何体】对话框，按照图 12-8 所示的步骤操作复制一侧的横梁。按照相同的方法复制另一侧的横梁。

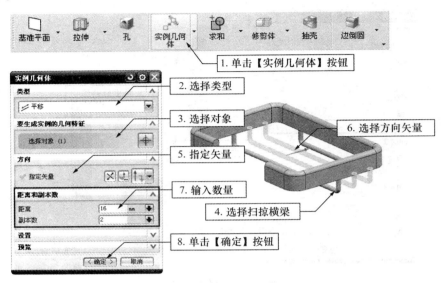

图 12-8　【实例几何体】对话框与复制实体步骤

4. 创建短横梁

参照以上步骤创建短横梁，如图 12-9 所示。

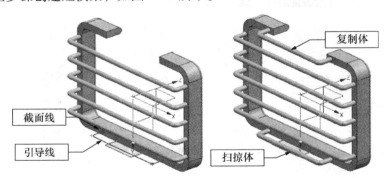

图 12-9　创建短横梁步骤

5. 布尔求和

使用【求和】布尔运算命令 对所有实体进行求和。

6. 创建孔

使用【孔】命令 创建框架上的通孔。

7. 保存文件

隐藏基准坐标系和草图，然后保存文件。

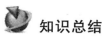

知识总结

实例几何体

使用实例几何体命令，可在保持与父几何体关联的同时创建设计的副本，以重用于复制几何体与基准对象。可以在镜面、线性、圆形和不规则图样中以及沿相切连续截面创建副本。【实例几何体】对话框如图 12-8 所示，其参数含义如表 12-1 所示。

表 12-1　【实例几何体】对话框参数解释

选项组	选项名称	选项值与描述
类型	类型	创建几何体的实例，包括以下类型： ✐【来源/目标】——创建从一个点或 CSYS 位置到另一个点或 CSYS 位置的几何体 ▥【镜像】——跨平面镜像几何体 ✐【平移】——按指定的方向平移几何体 ⊠【旋转】——绕指定的轴旋转几何体。可以添加偏置距离以实现螺旋放置 ∫【沿路径】——沿曲线或边路径创建几何体。可以对每个实例添加偏置旋转角以达到螺旋效果
要生成实例的几何特征	⊕选择对象	用于选择几何体来创建实例。可以选择：实体、片体、面、边、曲线、点、基准，如图 12-10 所示
来源/目标选项		
来源位置/目标位置	对象类型	用于选择点或坐标系方法之一来指定位置
	指定点	当对象类型为点时，此项显示 用于为实例几何体定义原点与目标点。 可以将点手柄拖动到新的点位置（只要它满足当前的捕捉点设置）
	✛添加新集	将几组目标点或坐标系添加到目标位置列表中，其中将放置要创建实例的选定对象的副本
份数	副本数	设置要添加到实例中的选定几何体的副本数
镜像选项		
镜像平面	指定平面	用于指定镜像平面
平移选项		
方向	指定矢量	如果选定用于定向的几何体发生更改，则更新实例几何体。实例几何体与方向是关联的
距离和副本数	距离	用于指定一个距离值，以分隔实例几何体与所选对象 如果键入的值大于副本数框中的值，则距离值还指定各个连续副本之间的间隔
	副本数	设置要添加到实例几何体中的所选几何体的副本数
旋转选项		
旋转轴	指定矢量	如果选定用于定向的几何体发生更改，则更新实例几何体。实例几何体与方向是关联的
	指定点	用于定义实例几何体的旋转原点 可以将点手柄拖到新的点位置

续表

选 项 组	选项名称	选项值与描述
角度、距离 和副本数	角度	在每个实例几何体之间设置旋转角度
	距离	将偏置距离添加到实例几何体的每个旋转副本，以达到螺旋效果
	副本数	设置要添加到实例几何体中的所选几何体的副本数
沿路径选项		
路径	选择对象	将选择的每个对象复制到引用自路径起点的位置 如果对象位于路径起点处，则将其引用复制到路径上并沿该路径复制。如果对象远离路径起点，则其实例沿该路径进行复制并参考该路径，但不复制到该路径上，如图 12-10 所示 在大多数情况下，要引用的这些对象中至少有一个应位于路径起点处或路径起点附近。离路径起点越远，结果越不规则
距离、角度 和副本数	距离选项	【填充路径长度】——沿路径总长度平均分布实例几何体的副本 【弧长】——根据弧长或弧长百分比参数，沿路径分布实例几何体的副本
	位置	列出选项以在弧长或弧长百分比之间指定。当距离选项设置为弧长时，此项显示
	弧长/弧长百分比	可以在此框中键入弧长与弧长百分比的值，或拖动位于路径中的弧长手柄以动态调整弧长参数的大小。在距离选项设置为弧长时，此项显示
	角度	使用指定的角度值将增量旋转添加到实例几何体的每个副本，以达到螺旋效果。此框中的值范围为 0 到 360 度
	副本数	设置要添加到实例几何体中的所选几何体的副本数

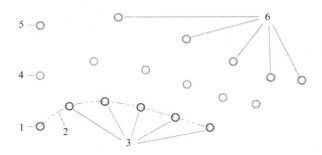

1—要生成实例的几何特征；2—路径；3—路径上的5个副本；
4、5—要生成实例的几何特征；6—路径外的5个副本

图 12-10   沿路径的实例几何特征

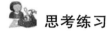 思考练习

参照图 12-11 和图 12-12 零件立体图创建三维实体。

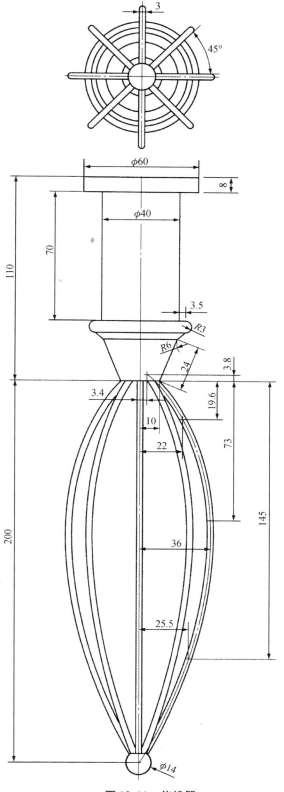

图 12-11 绕线器

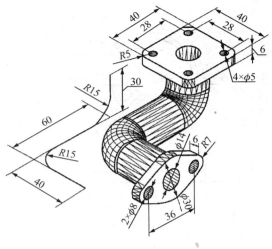

图 12-12   弯管

项目 13 套筒的造型

学习目标

通过学习图 13-1 所示套筒零件的造型，进一步理解造型的基本思路，能够综合应用拉伸、回转和扫掠等命令进行中等复杂零件的造型。

已知：套筒壳体表面均匀分布着三个螺旋槽，螺旋圈数为半圈，螺距为 140。螺旋槽横截面为 φ5 的圆，圆心位于壳体表面，螺旋槽端部为 φ10 的圆孔。

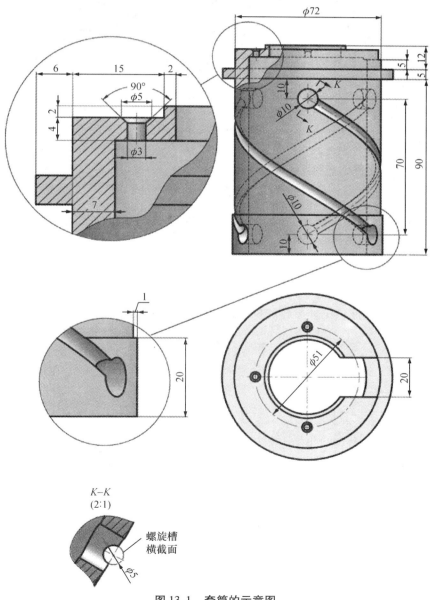

图 13-1 套筒的示意图

任务分析

套筒的造型大致分为以下步骤：首先，创建回转体；其次，创建缺口；最后，创建螺旋槽和埋头孔，如图 13-2 所示。

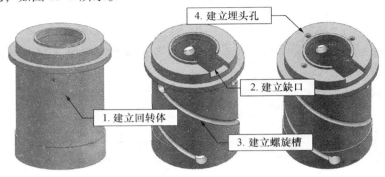

图 13-2　套筒的造型步骤

操作步骤

1. 新建文件

新建一个 NX 文件，名称为 "sleeve"。

2. 创建回转体

以 YC-ZC 平面作为草图平面绘制草图，如图 13-3 所示。使用【回转】命令▣，以 ZC 轴为回转轴创建回转体。

3. 创建缺口特征

以 XC-ZC 平面作为草图平面绘制草图，如图 13-4 所示。使用【拉伸】命令▣对草图进行拉伸创建缺口特征，拉伸参数和拉伸结果如图 13-5 所示。

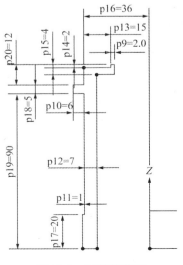

图 13-3　回转体草图

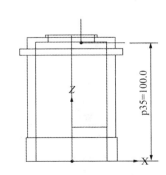

图 13-4　缺口草图

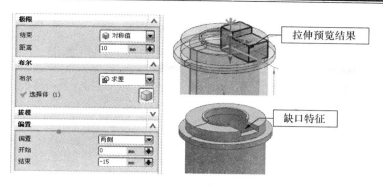

图 13-5　创建缺口特征

4. 创建单条螺旋槽

（1）旋转工作坐标系 WCS。在菜单条中单击【格式】|【WCS】|【旋转】，弹出【旋转 WCS 绕…】对话框，按照图 13-6 所示的步骤将工作坐标系绕 ZC 轴旋转 90°。

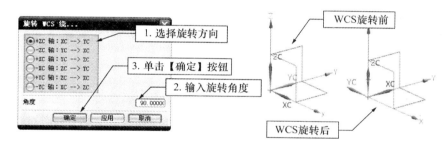

图 13-6　旋转工作坐标系步骤

（2）绘制螺旋线。在菜单条中单击【插入】|【曲线】|【螺旋线】，弹出【螺旋线】对话框，按照图 13-7 所示的步骤绘制螺旋线。

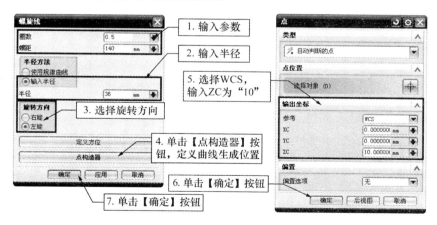

图 13-7　创建螺旋线步骤

（3）绘制螺旋槽草图。在【直接草图】工具条中单击【草图】按钮 ，弹出【创建草图】对话框，按照图 13-8 所示的步骤操作，在螺旋线端点以【基于路径】方式创建草图平面，进入绘制草图环境，以螺旋线端点为圆心绘制 φ5 圆形草图，如图 13-8 所示。

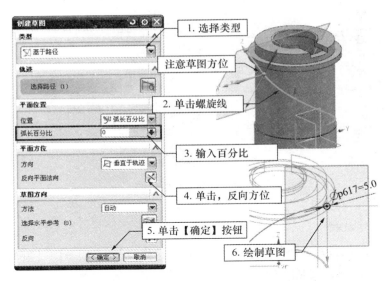

图 13-8 【创建草图】对话框与创建草图步骤

（4）创建扫掠体。在【曲面】工具条中单击【扫掠】按钮 ，弹出【扫掠】对话框，按照图 13-9 所示的步骤操作，创建扫掠体。

图 13-9 【扫掠】对话框与创建扫掠体步骤

（5）创建螺旋槽。在【特征】工具条中单击【求差】按钮 ，弹出【求差】对话框，以回转体为目标体，以扫掠体为刀具体，创建螺旋槽，如图 13-10 所示。

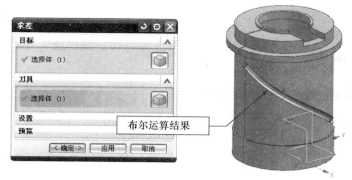

图 13-10　创建螺旋槽步骤

5. 创建螺旋槽两端圆孔

以 XC-ZC 平面作为草图平面绘制两个 φ10 的圆，圆心和螺旋线端点重合。使用【拉伸】命令 分别对圆进行拉伸创建孔，如图 13-11 所示。

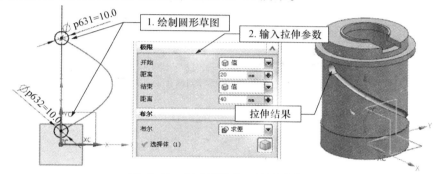

图 13-11　创建螺旋槽两端圆孔步骤

6. 复制特征

在【特征】工具条中单击【阵列特征】按钮 ，弹出【阵列特征】对话框，选择螺旋槽和两端圆孔，以 ZC 轴为旋转轴进行圆形阵列，如图 13-12 所示。

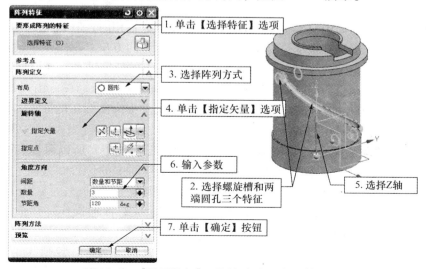

图 13-12　【阵列特征】对话框与复制螺旋槽步骤

7. 创建埋头孔

使用【孔】命令 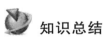，按照图 13-13 所示的步骤操作，创建埋头孔。再使用【阵列特征】命令 ，复制其他两个埋头孔。

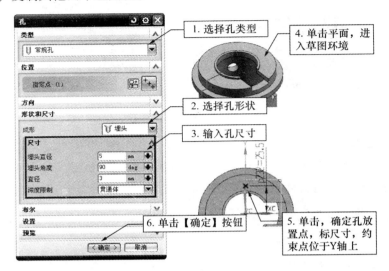

图 13-13 　【孔】对话框与创建埋头孔步骤

8. 保存文件

隐藏基准坐标系和草图，然后保存文件。

知识总结

坐标系

NX 中有多个不同的坐标系，最常用于设计和创建模型的是绝对坐标系（ABS）、工作坐标系（WCS）和基准坐标系（CSYS）。

（1）绝对坐标系（ABS）。绝对坐标系是模型空间中的概念性位置和方向。它是不可见的，且不能移动。全局绝对坐标系轴的方向与视图三重轴相同，但原点不同。

视图三重轴是一个视觉指示符，表示模型绝对坐标系的方位。视图三重轴显示在图形窗口的左下角，如图 13-14 所示。可以围绕视图三重轴上的特定轴来旋转模型。

（2）工作坐标系（WCS）。工作坐标系是一个右向笛卡儿坐标系，由以相互间隔 90 度的 XC、YC 和 ZC 轴组成，如图 13-15 所示。轴的交点称为坐标系的原点，原点的坐标值为 X = 0、Y = 0、Z = 0，XC-YC 平面称为工作平面。

WCS 是一个移动坐标系，可以移到图形窗口中的任何位置，所以可以在不同的方向和位置构造几何体。可以使用 WCS 来引用对象在模型空间中的位置和方向。例如，可以使用它定义草图平面、创建固定的基准轴或平面以及创建矩形阵列。

利用 WCS 下拉菜单中各个命令可以实现工作坐标系的各种操作。在菜单条中单击【格式】| WCS，将显示 WCS 下拉菜单。

（3）基准坐标系（CSYS）。基准坐标系提供一组关联的对象，包括 3 个轴、3 个平面、一个坐标系和一个原点，如图 13-16 所示。基准坐标系显示为部件导航器中的一个特征，它的对象可以单独选取，以支持创建其他特征和在装配中定位组件。在创建新文件时，默认情况下 CSYS 定位在绝对零点。

　　在【特征】工具条中单击【基准 CSYS】按钮，可以在指定位置新建一个 CSYS。

图 13-14　视图三重轴符号

图 13-15　工作坐标系符号

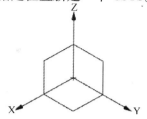

图 13-16　基准坐标系符号

 思考练习

　　参照图 13-17 零件工程图创建三维实体。

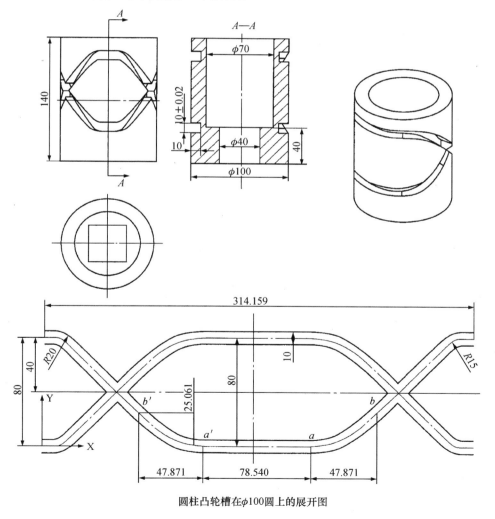

圆柱凸轮槽在φ100圆上的展开图

图 13-17　凸轮

项目 14　风机上箱体的造型

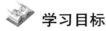 学习目标

　　通过学习图 14-1 所示风机上箱体零件的造型，进一步理解造型的基本思路，能够综合应用所学命令进行中等复杂零件的造型。

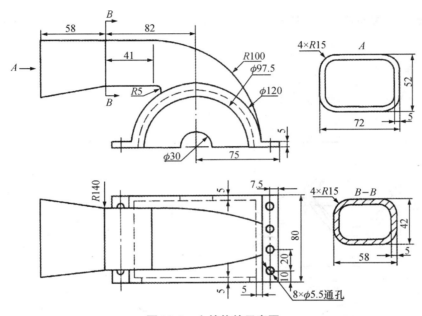

图 14-1　上箱体的示意图

⚒ 任务分析

　　风机上箱体的造型大致分为以下步骤：首先，创建底座；其次，创建风筒；再次，创建圆角；最后，创建壳体和各孔，如图 14-2 所示。

👤 操作步骤

　　1. 新建文件

　　新建一个 NX 文件，名称为"valve body"。

　　2. 创建底座

　　以 XC-ZC 平面作为草图平面绘制草图，如图 14-3（a）所示。使用【拉伸】命令 📦 对草图进行拉伸，创建风机底座，如图 14-3（b）所示。

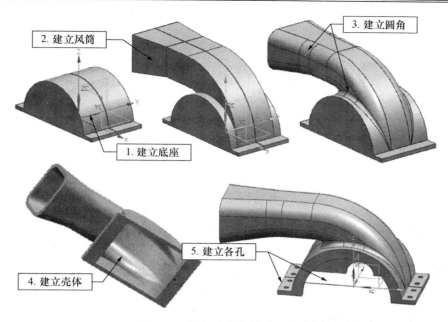

图 14-2　风机上箱体的造型步骤

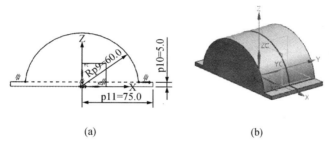

(a)　　　　　　　　　　　　(b)

图 14-3　风机底座草图和实体

3. 创建风筒

（1）绘制引导线。以 XC-ZC 平面作为草图平面绘制草图，如图 14-4 所示。

（2）创建两个基准平面。创建距离 YC-ZC 平面 82 mm 的基准平面 1 和距离 YC-ZC 平面 140 mm 的基准平面 2，如图 14-5 所示。

（3）绘制截面线。以基准平面 1 作为草图平面绘制矩形草图，如图 14-6（a）所示；以基准平面 2 作为草图平面绘制矩形草图，如图 14-6（b）所示。最终草图如图 14-6（c）所示。

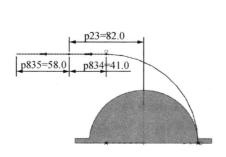

图 14-4　引导线草图

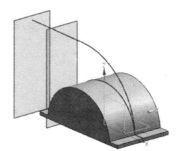

图 14-5　创建基准平面

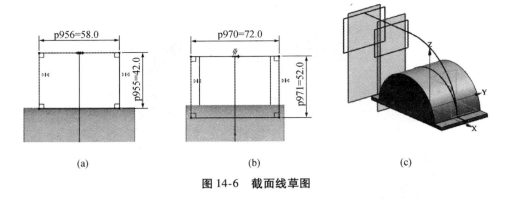

(a)　　　　　　　　　　(b)　　　　　　　　　　(c)

图 14-6　截面线草图

（4）创建扫掠体 1。在【曲面】工具条中单击【扫掠】按钮 ，弹出【扫掠】对话框，按照图 14-7 所示的步骤操作，创建扫掠体 1。

（5）创建扫掠体 2。在【曲面】工具条中单击【扫掠】按钮，弹出【扫掠】对话框，按照图 14-8 所示的步骤操作，创建扫掠体 2。

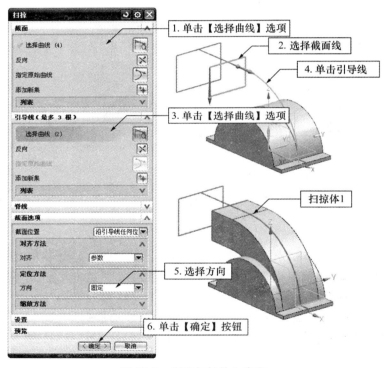

图 14-7　创建扫掠体 1 步骤

🛠 **工程师提示**

在创建扫掠体 2，选择的两组截面线的箭头方向要一致。

4. 布尔求和

使用【求和】布尔运算命令 🔧，将底座实体和风筒实体（扫掠体 1 和扫掠体 2）进行求和，成为一个实体。

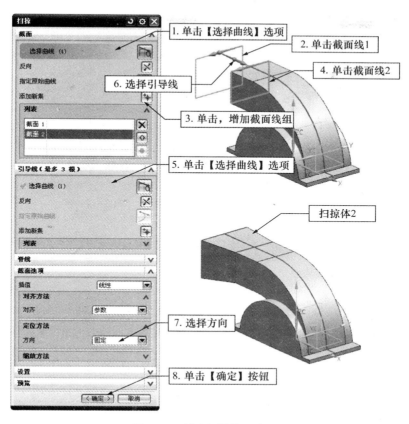

图 14-8　创建扫掠体 2 步骤

5. 创建圆角

使用【边倒圆】命令![icon]创建圆角特征，如图 14-9 所示。

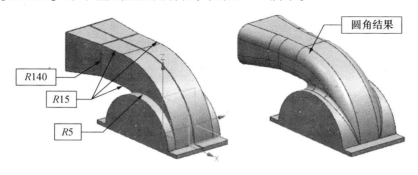

图 14-9　创建圆角

6. 创建壳体

在【特征】工具条中单击【抽壳】按钮![icon]，弹出【抽壳】对话框，按照图 14-10 所示的步骤操作，创建壳体。

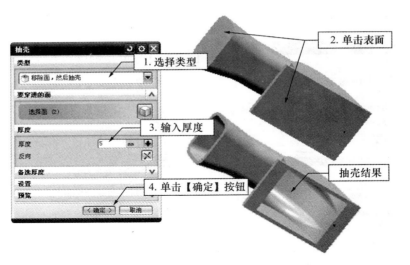

图 14-10　【抽壳】对话框和创建壳体步骤

7. 创建各孔

（1）创建侧面的孔。在【特征】工具条中单击【孔】按钮 ，弹出【孔】对话框，按照图 14-11 所示的参数创建风机侧面的孔，即 $\phi60$ mm 的盲孔和 $\phi12.5$ mm 的通孔。

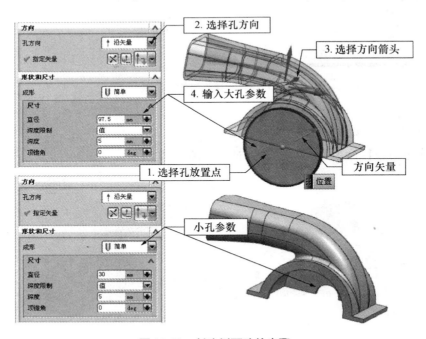

图 14-11　创建侧面孔的步骤

（2）创建一个螺钉过孔。使用【孔】命令 创建 $\phi5.5$ mm 的螺钉过孔，如图 14-12 所示。

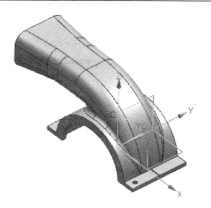

图 14-12　创建螺钉过孔

（3）阵列螺钉过孔。在【特征】工具条中单击【阵列特征】按钮 ，弹出【阵列特征】对话框，按照图 14-13 所示的步骤创建其他螺钉过孔。

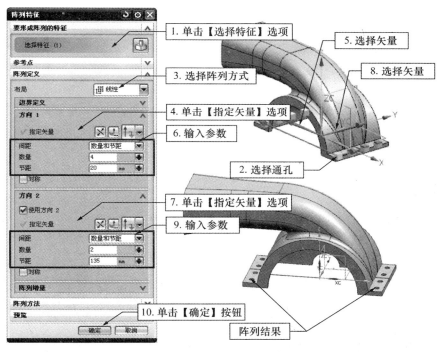

图 14-13　阵列螺钉过孔步骤

8. 保存文件

隐藏基准坐标系、基准平面和草图，然后保存文件。

知识总结

造型思路小结

扫掠命令是最基本的造型方法。拉伸和回转命令都是从扫掠命令演变来的，是扫掠命令的特殊情况之一。在造型时，通常使用扫掠命令构建沿着曲线（非直线、非圆弧曲线）

扫掠而得到的实体或片体。

　　使用扫掠命令可通过沿一条、两条或三条引导线串扫掠一个或多个截面，来创建实体或片体。项目 11、12 和 13 都是通过沿一条引导线扫掠一个截面线来创建实体，项目 14 是通过沿一条引导线扫掠一个截面线、沿一条引导线扫掠两个截面线来创建实体的。

　　扫掠命令还有两个特殊情况，即沿引导线扫掠和变化扫掠。使用沿引导线扫掠命令 📷，可以通过沿一条引导线扫掠一个截面来创建体，如图 14-14 所示。使用变化扫掠命令 📷，可通过沿路径扫掠截面（截面的形状沿该路径变化）来创建体，如图 14-15 所示。

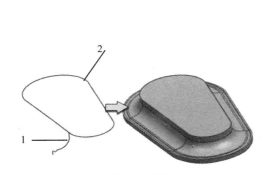

1—截面线；2—引导线

图 14-14　沿引导线扫掠命令应用示例

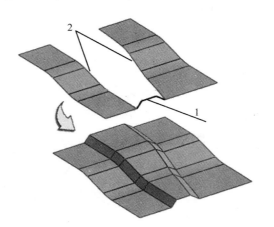

1—截面线；2—路径（即引导线）

图 14-15　变化扫掠命令应用示例

 思考练习

　　参照图 14-16 ～ 图 14-18 所示的零件立体图创建三维实体。

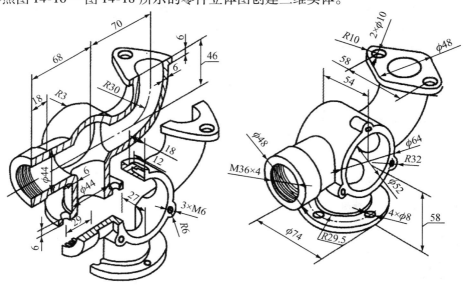

图 14-16　阀体

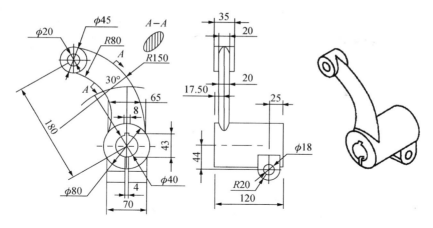

图 14-17 弯臂

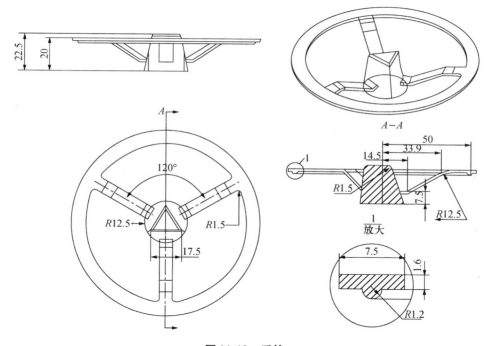

图 14-18 手轮

项目 15 风扇叶片的造型

学习目标

通过学习图 15-1 所示风扇叶片零件的造型，掌握拉伸、通过曲线组和修剪片体等命令创建曲面的方法，以及加厚命令的应用，能够进行较简单曲面零件的造型。

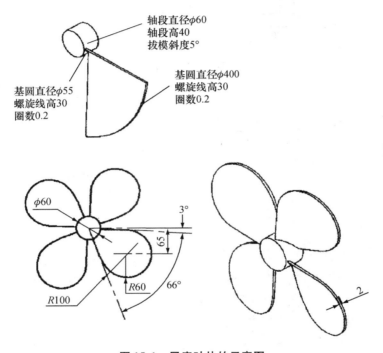

图 15-1 风扇叶片的示意图

任务分析

风扇叶片的造型大致分为以下步骤：首先，创建锥台；其次，创建叶片曲面；最后，创建单个叶片和创建多个叶片，如图 15-2 所示。

操作步骤

1. 新建文件

新建一个 NX 文件，名称为 "fan blade"。

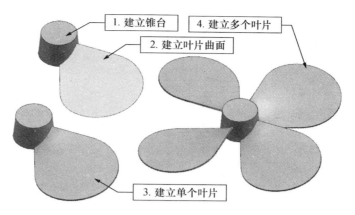

图 15-2   风扇叶片的造型步骤

2. 创建中心锥台

以 XC-YC 平面作为草图平面绘制 φ60 的圆形草图，使用【拉伸】命令 🔲 对草图进行拉伸，高度为 40 mm，拔模斜度为 5°。

3. 创建叶片曲面

（1）绘制螺旋线。使用【螺旋线】命令，按照图 15-3（a）和 15-3（b）所示的参数绘制两条螺旋线，结果如图 15-3（c）所示。

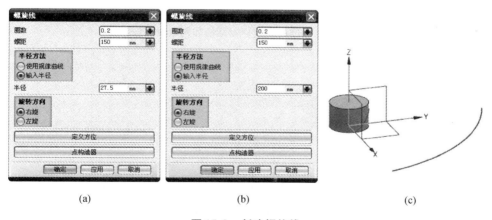

(a)   (b)   (c)

图 15-3   创建螺旋线

（2）创建螺旋曲面。在【曲面】工具条中单击【通过曲线组】按钮 🔳，弹出【通过曲线组】对话框，按照图 15-4 所示的步骤操作创建曲面。

（3）创建拉伸曲面。以 XC-YC 平面作为草图平面绘制草图，如图 15-5（a）所示。使用【拉伸】命令拉伸草图，创建高度为 40 mm 的片体，如图 15-5（b）所示。

（4）创建叶片曲面。在【特征】工具条中单击【修剪片体】按钮 🔳，弹出【修剪片体】对话框，按照图 15-6 所示的步骤操作，创建叶片轮廓曲面。

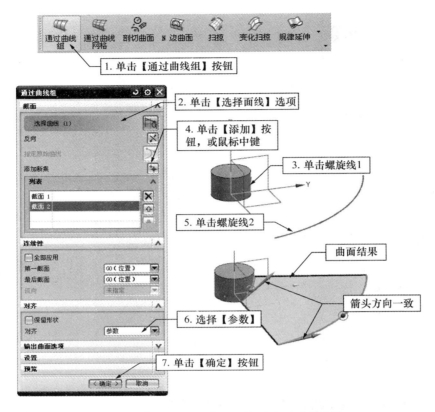

图 15-4 【通过曲线组】对话框和创建曲面步骤

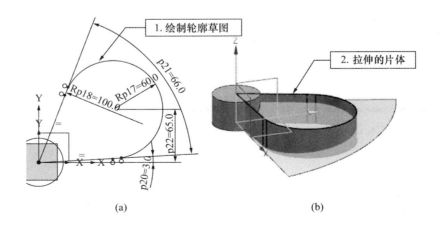

(a)   (b)

图 15-5 创建拉伸曲面

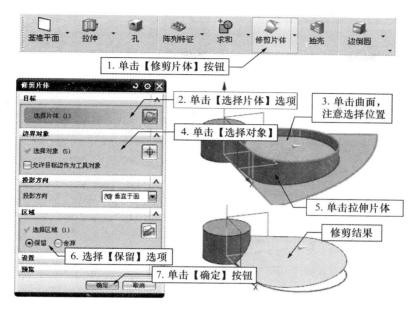

图 15-6　【修剪片体】对话框和创建叶片轮廓曲面步骤

4. 创建叶片

（1）创建一个叶片。在【特征】工具条中单击【加厚】按钮 ，弹出【加厚】对话框，按照图 15-7 所示的步骤操作，创建一个叶片实体。

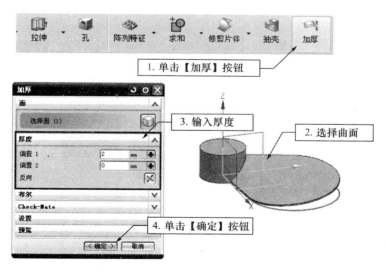

图 15-7　【加厚】对话框和创建单个叶片步骤

（2）复制叶片实体。在【特征】工具条中单击【实例几何体】按钮 ，弹出【实例几何体】对话框，按照图 15-8 所示的步骤操作，复制其余 3 个叶片实体。

（3）布尔求和。使用【求和】布尔运算命令 对锥台和所有叶片进行求和。

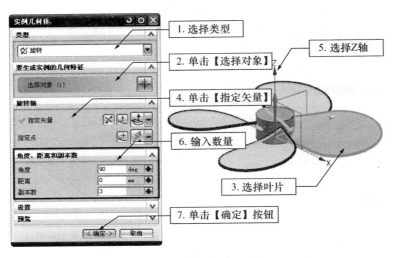

图 15-8　复制叶片步骤

5. 保存文件

隐藏基准坐标系和草图，然后保存文件。

 知识总结

1. 通过曲线组

使用【通过曲线组】命令可以创建穿过多个截面的体，其中形状会发生更改以穿过每个截面，如图 15-9 所示。一个截面可以由单个或多个对象组成，并且每个对象都可以是曲线、实体边或实体面的任意组合。【通过曲线组】对话框如图 15-4 所示，其中主要参数如表 15-1 所示。

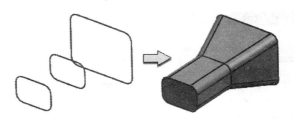

图 15-9　【通过曲线组】命令应用示例

表 15-1　【通过曲线组】对话框参数解释

选 项 组	选 项 名 称	选项值与描述
截面	▱选择曲线或点	用于选择截面线串
	⤵指定原始曲线	用于更改闭环中的原始曲线
	列表	向模型中添加截面集时，列出这些截面集 使用上移⬆、下移⬇或移除✖列表按钮，可以对它们重排序或将其删除

选 项 组	选项名称	选项值与描述
连续性	全部应用	将为一个截面选定的连续性约束施加于第一个和最后一个截面
	第一截面/最后截面	用于选择约束面并指定所选截面的连续性 可以指定 G0（位置）、G1（相切）或 G2（曲率）连续性。当指定 G1（相切）与 G2（曲率）时，需选择一个或多个连续性约束面。不受约束的通过曲线组曲面（如图 15-10（a）所示），受两组面 G2 约束的通过曲线组曲面（如图 15-10（b）所示）
	流向	所有连续性选项均设置为 G0（位置）时不可用。此选项仅适用于使用约束曲面的模型 指定与约束曲面相关的流动方向如下： 【未指定】——流向直接通到另一侧 【等参数】——流向沿约束曲面的等参数方向（U 或 V） 【法向】——流向垂直于约束曲面的基本边
对齐	对齐	通过定义 NX 沿截面隔开新曲面的等参数曲线的方式，可以控制特征的形状： 【参数】——沿截面以相等的参数间隔来隔开等参数曲线连接点。NX 使用每条曲线的全长 【根据点】——对齐不同形状的截面线串之间的点。NX 沿截面放置对齐点及其对齐线 【弧长】——沿截面以相等的弧长间隔来分隔等参数曲线连接点。NX 使用每条曲线的全长 【距离】——在指定方向上沿每个截面以相等的距离隔开点。这样会得到全部位于垂直于指定方向矢量的平面内的等参数曲线 【角度】——在指定的轴线周围沿每条曲线以相等的角度隔开点。这样得到所有在包含有轴线的平面内的等参数曲线 【脊线】——将点放置在所选截面与垂直于所选脊线的平面的相交处。得到的体的范围取决于这条脊线的限制
输出曲面选项	补片类型	用于指定 V 方向（即垂直于截面）的补片是单个还是多个 【单个】——创建单个补片。最大截面数为 25，V 方向的阶次是选定的线串数减一 【多个】——创建多个补片
	V 向封闭	沿 V 方向的各列封闭第一个与最后一个截面之间的特征 如果选择的截面是封闭的，且此复选框已选中，且体类型选项设置为体，NX 会创建实体 对于多个补片，体沿行（U 方向）的封闭状态基于截面的封闭状态。如果选择的截面全部封闭，生成的体则按 U 方向封闭
	垂直于终止截面	使输出曲面垂直于两个终止截面 如果终止截面是平的，则曲面在终止截面处平行于平面法向 如果终止截面是 3D 曲线，则会计算平均法矢，且曲面在终止截面处平行于平均法向 如果终止截面是直线，则会计算法矢，以使它从终止截面指向该终止截面旁边的截面 替代 V 向阶次设置，并使特征的开始与结束处垂直于起始截面与终止截面

续表

选 项 组	选项名称	选项值与描述
	构造	用于指定创建曲面的构造方法: 【法向】——使用标准步骤创建曲线网格曲面。和其他构造选项相比,需要使用更多补片来创建体或曲面 【样条点】——使用输入曲线的点及这些点处的相切值来创建体 这些曲线通过它们的定义点临时重新参数化,并保留用户定义的任何相切值;然后这些临时的曲线用于创建体。这可以创建含较少补片的较简单体 【简单】——创建尽可能简单的曲线网格曲面 带有约束的简单曲面尽可能避免插入额外的数学成分,从而减少曲率的突然更改。它还可以使曲面中的补片数和边界噪点最小化
设置	体类型	用于为通过曲线组特征指定片体或实体。要获取实体,截面线串必须形成闭环
	公差	指定连续性选项的公差值,以控制有关输入曲线的、重新构建的曲面的精度: 【G0(位置)】——指定位置连续的公差。距离公差的默认值 【G1(相切)】——指定相切连续的公差。角度公差的默认值 【G2(曲率)】——指定曲率连续的公差。默认值为相对公差的0.1 或 10%

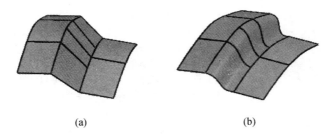

(a)   (b)

图 15-10 　 连续性约束对曲面的影响

2. 修剪片体

使用修剪片体命令可利用相交面、基准平面,以及投影曲线和边对片体进行修剪。【修剪片体】对话框如图 15-6 所示,其中主要参数如表 15-2 所示。

表 15-2 　【修剪片体】对话框参数解释

选 项 组	选项名称	选项值与描述
目标	▨选择片体	用于选择要修剪的目标曲面体 选择目标体的位置将确定保留或舍弃的区域
边界对象	✛选择对象	用于选择修剪对象,这些对象可以是面、边、曲线和基准平面
	允许目标边作为工具对象	选中此复选框后,可选择目标的边作为修剪对象

续表

选 项 组	选项名称	选项值与描述
投影方向	垂直于面	通过曲面法向投影选定的曲线或边
	垂直于曲线平面	将选定的曲线或边投影到曲面上，该曲面将修剪为垂直于这些曲线或边的平面
	沿矢量	用于将投影方向定义为沿矢量 指定矢量可用于定义方向
区域	选择区域	用于选择在修剪曲面时将保留或舍弃的区域，选择这些区域之后，选定以下选项之一： 【保持】——在修剪曲面时保留选定的区域 【舍弃】——在修剪曲面时舍弃选定的区域
设置	保持目标	保持对修剪边界对象的选择，以便再次将它们用于其他片体
	输出精确的几何体	尽可能输出相交曲线。如果不可能，则会产生容错曲线

3. 加厚

使用加厚命令可将一个或多个相连面或片体偏置为实体。加厚效果是通过将选定面沿着其法向进行偏置然后创建侧壁而生成的。【加厚】对话框如图 15-7 所示，其中主要参数如表 15-3 所示。

表 15-3　【加厚】对话框参数解释

选 项 组	选项名称	选项值与描述
面	选择面	可以选择要加厚的面和片体。所有选定对象必须相互连接 将显示一个加厚的箭头，该箭头垂直于所选的面，指示面的加厚方向
厚度	偏置 1 偏置 2	为加厚特征设置一个或两个偏置。正偏置值应用于加厚方向，由显示的箭头表示；负偏置值应用在负方向上
布尔	布尔选项	如果在创建加厚特征时遇到其他体，则列出可以使用的布尔运算选项
设置	公差	为加厚操作设置距离公差

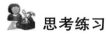 **思考练习**

参照图 15-11 和图 15-12 所示的零件工程图创建三维实体。

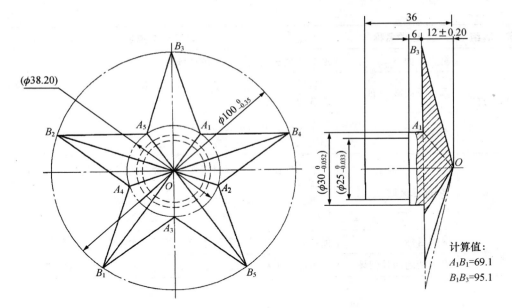

图 15-11   五角星

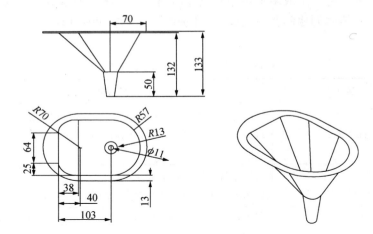

图 15-12   漏斗

项目 16   旋钮的分模造型

学习目标

通过学习图 16-1 所示旋钮模具的分模造型，了解模具分模的基本思路，掌握利用抽取片体、修剪片体和缝合片体等命令创建分型面的方法，掌握缩放体、拆分体命令的应用，能够进行简单型腔模具的分型造型。

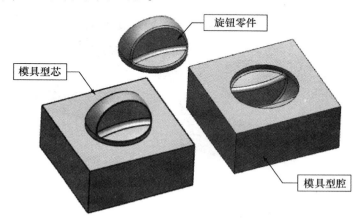

图 16-1   旋钮模具的实体模型

任务分析

旋钮模具的分型过程大致分为以下步骤：首先，设置产品的收缩率；其次，创建模具的分型面；再次，创建模仁毛坯块；最后，分割模仁块得到型腔和型芯，如图 16-2 所示。

操作步骤

1. 新建文件

打开旋钮模型文件，另存为一个 NX 文件，名称为 "knob_mold"。

2. 设置产品收缩率

在菜单条中单击【插入】|【偏置/缩放】|【缩放体】，弹出【缩放体】对话框，按照图 16-3 所示的步骤设置产品收缩率为 1.005。

3. 创建模具分型面

（1）抽取旋钮上表面片体。在【特征】工具条中单击【抽取体】按钮，弹出【抽取体】对话框，按照图 16-4 所示的步骤操作，抽取旋钮上表面各片体，然后隐藏旋钮实体。

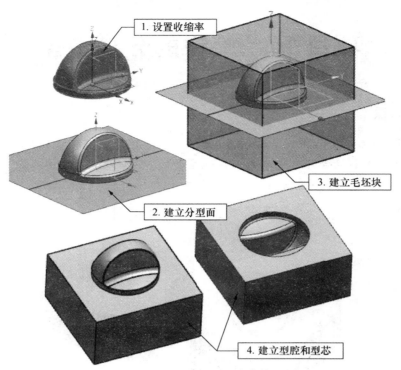

图 16-2　旋钮模具的分模造型步骤

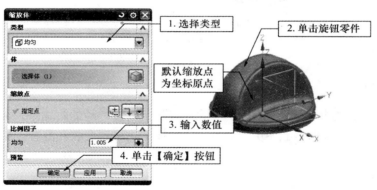

图 16-3　【缩放体】对话框和设置收缩率步骤

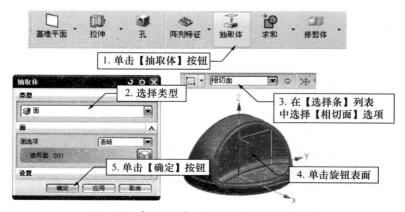

图 16-4　【抽取体】对话框和抽取片体步骤

（2）创建拉伸片体。以 XC-YC 平面作为草图平面，绘制一条直线和 YC 轴重合。使用【拉伸】命令，将直线沿 XC 轴方向进行对称拉伸 35 mm，创建一个片体，如图 16-5 所示。

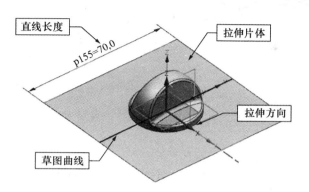

图 16-5　创建拉伸片体

（3）修剪片体。在【特征】工具条中单击【修剪片体】按钮，弹出【修剪片体】对话框，按照图 16-6 所示的步骤对分型面片体进行修剪，使其中间产生一个圆孔。

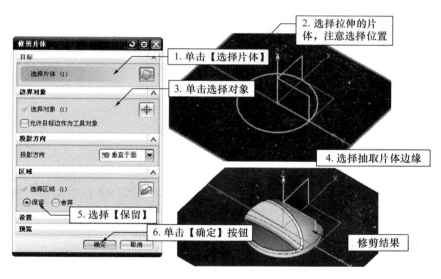

图 16-6　【修剪片体】对话框和修剪片体步骤

（4）缝合分型面。在【特征】工具条中单击【缝合】按钮，弹出【缝合】对话框，按照图 16-7 所示的步骤操作，将拉伸的片体和抽取的片体缝合为一个曲面，作为模具型腔的分型面。

4.　创建模仁毛坯块

以 XC-YC 平面作为草图平面，绘制正方形草图 50 × 50 mm。使用【拉伸】命令，沿着 ZC 轴方向进行对称拉伸 25 mm，创建模仁毛坯块，如图 16-8 所示。

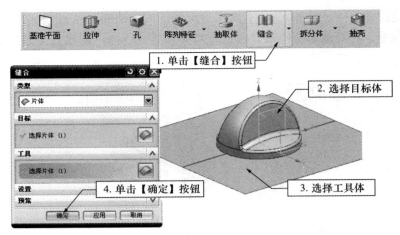

图 16-7　【缝合】对话框和缝合片体步骤

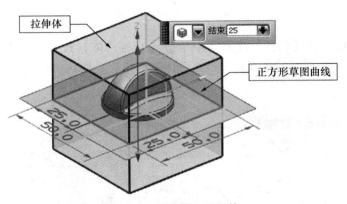

图 16-8　创建模仁毛坯块

5. 创建模具的型腔

在【特征】工具条中单击【拆分体】按钮，弹出【拆分体】对话框，按照图 16-9 所示的步骤操作，将模仁毛坯块分割成两部分，上半部分就是模具的型腔。

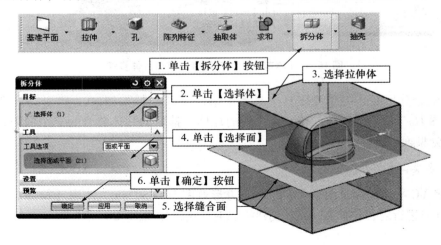

图 16-9　【拆分体】对话框和分割模仁毛坯块步骤

6. 创建模具的型芯

显示旋钮实体。使用【求差】布尔运算命令，选择下半部分毛坯块为目标体、旋钮为工具体进行布尔求差，创建模具的型芯。

工程师提示

求差操作时，设置保留工具体，使旋钮实体仍然显示在当前的文件中。

7. 移除模仁参数

在【编辑特征】工具条中单击【移除参数】按钮，弹出【移除参数】对话框，按照图 16-10 所示的步骤操作移除模仁参数。

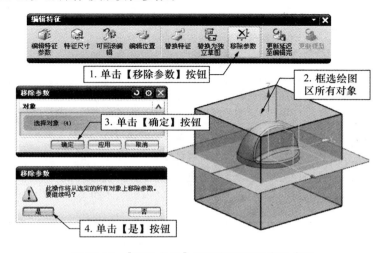

图 16-10　【移除参数】对话框和移除参数步骤

工程师提示

- 【移除参数】命令可将参数从与特征关联的曲线和点移除，使曲线和点成为非关联的。
- 使用【拆分体】和【布尔运算】命令创建的型腔和型芯仍然是关联的，这时可以使用【移除参数】命令使它们成为非关联的，实现单独显示或隐藏的目的。

8. 保存文件

隐藏基准坐标系和草图，然后保存文件。

知识总结

1. 缩放体

使用缩放体命令可缩放实体和片体，可以使用三种不同的比例法：均匀、轴对称或常规。比例应用于几何体而不用于组成该体的独立特征。【缩放体】对话框如图 16-3 所示，其中主要参数如表 16-1 所示。

表16-1 【缩放体】对话框参数解释

选 项 组	选项名称	选项值与描述
类型	—	指定缩放方法。图16-11显示了各种缩放类型和缩放前（如图16-11（a）所示）的对比结果 【均匀】——在所有方向上均匀地按比例缩放。如图16-11（b）所示为均匀比例因子为1.25时的缩放结果 【轴对称】——用指定的比例因子围绕指定的轴按比例对称缩放。必须指派一个沿指定轴的比例因子，并对另外两个方向指派另一个比例因子。如图16-11（c）所示为轴对称比例因子，沿ZC轴为3.0，其他方向为0.75时的缩放结果 【常规】——在X、Y和Z方向上用不同的因子进行缩放。如图16-11（d）所示为常规比例因子，X=1.5、Y=0.5、Z=1.5时的缩放结果
体	选择体	用于选择要缩放的体
缩放点	指定点	仅当缩放类型为均匀或轴对称时出现 用于指定一个参考点，作为缩放操作的中心。默认参考点是当前WCS的原点
缩放轴	指定矢量	仅当缩放类型为轴对称时出现 用于指定缩放操作的参考轴。默认参考轴是WCS的Z轴
	指定轴通过点	用于指定缩放操作的参考轴的通过点
缩放CSYS	指定CSYS	仅当比例设置为常规时显示 用于指定参考坐标系
比例因子	—	设置缩放因子以更改当前大小。可采用不同的缩放因子，具体取决于所选的缩放类型

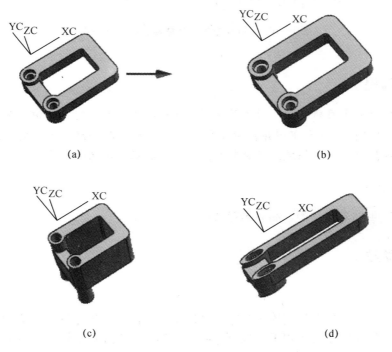

(a)　　　　　　　　　　　　(b)

(c)　　　　　　　　　　　　(d)

图16-11　缩放前后对比

2. 抽取体

使用抽取体命令时，可通过从其他体中抽取面来创建关联体。可抽取以下对象面、面区域和整个体。【抽取体】对话框如图 16-4 所示，其中主要参数如表 16-2 所示。

表 16-2　【抽取体】对话框参数解释

选 项 组	选项名称	选项值与描述
类型	—	用于指定要创建的抽取特征的类型 【面】——创建要抽取的选定面的片体 【面区域】——创建一个片体，该片体是连接到种子面且受边界面限制的面的集合 【体】——创建整个体的副本
面	面选项	用于指定要选择面的类型，有单个面、相邻面、体的面和面链。仅当类型设置为面时才显示
种子面	选择面	用于选择包含在或处于边界面中的面。仅当类型设置为面区域时才显示
边界面	选择面	用于选择包含或围绕种子面的面。仅当类型设置为面区域时才显示
区域选项	遍历内部边	选择位于指定边界面内部的所有面。仅当类型设置为面区域时才显示
	角度公差	设置所选区域将要遍历的角度公差。在选中使用相切边角度复选框时可用。仅当类型设置为面区域时才显示
体	选择体	用于选择体。仅当类型设置为体时才显示
设置	固定于当前时间戳记	指定在创建后续特征时，抽取的特征在部件导航器中保留其时间戳记顺序 如果不选中此复选框，则抽取的特征始终作为最后的特征显示在部件导航器中
	隐藏原先的	在创建抽取的特征后隐藏原始几何体
	删除孔	创建一个抽取面，其中不含原始面中存在的任何孔
	使用父对象的显示属性	将对原始对象中的显示属性所做的更改反映到抽取的体

3. 缝合

使用缝合命令可将两个或更多片体连接成单个新片体，如图 16-12 所示。如果这组片体包围一定的体积，则创建一个实体。如果两个实体共享一个或多个公共（重合）面，还可以缝合这两个实体。选定片体的任何缝隙都不能大于指定公差，否则将获得一个片体。【缝合】对话框如图 16-7 所示，其中主要参数如表 16-3 所示。

表 16-3　【缝合】对话框参数解释

选 项 组	选项名称	选项值与描述
类型	—	【片体】——将类型设置为片体以缝合片体 【实体】——将类型设置为实体以缝合两个实体
目标	🪟选择片体	在类型为片体时显示，用于选择目标片体
	🧊选择面	在类型为实体时显示，用于选择目标实体面

选 项 组	选项名称	选项值与描述
工具	▦ 选择片体	在类型为片体时显示，用于选择要缝合到目标片体的一个或多个工具片体。这些片体应与所选目标片体重合
	▦ 选择面	在类型为实体时显示，用于从第二个实体上选择一个或多个工具面。这些面必须和一个或多个目标面重合
	搜索公共面	仅在类型为实体时可用。当类型为实体时，高亮显示目标体和工具体之间的公共面的边
设置	输出多个片体	仅在类型为片体时可用。用于创建多个缝合体
	缝合所有实例	如果选定体是某个实例阵列的一部分，则缝合整个实例阵列；否则，只缝合选择的实例
	公差	设置一个最大距离；为成功执行缝合操作，应根据此最大距离分离要缝合到一起的边。需注意以下事项： 如果要缝合到一起的边（不管是有缝隙还是重叠）之间的距离小于指定公差，则它们会缝合。如果它们之间的距离大于该公差，则它们不会缝合在一起。例如图 16-13（a）所示，1 为要缝合到一起的两条片体边，欲将两条片体缝合，2 所示公差必须大于两边之间的最大距离，公差不应大于必要的公差。只要可能的话，缝合公差应该小于最短的边。否则，后续操作（如布尔运算）可能会产生意外结果。例如图 16-13（b）所示，要缝合的三个片体，需使用略大于 1 缝隙的公差，而不能使用 2 所示的如此大的公差

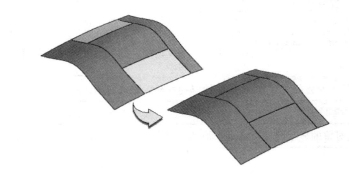

图 16-12 【缝合】命令应用示例

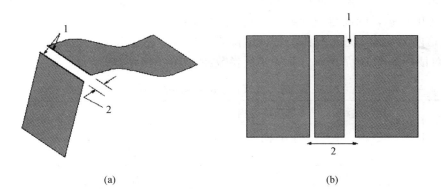

(a)　　　　　　　　　　　　　　　(b)

图 16-13 公差的设置

4. 拆分体

　　使用【拆分体】命令可将实体或片体拆分为使用一组面或基准平面的多个体。此命令创建关联的拆分体特征，其显示在模型的历史记录中。

　　此命令适用于将多个部件作为单个部件建模，然后视需要进行拆分的建模方法。例如，可将由底座和盖组成的机架作为一个部件来建模，随后将其拆分。

 思考练习

　　完成如图 15-12 所示的漏斗模具的分模造型。

项目 17　吊钩的造型

学习目标

通过学习图 17-1 所示吊钩零件的造型，掌握通过曲线网格、N 边曲面等命令的应用，掌握曲面缝合实体的方法，能够进行中等复杂曲面类零件的造型。

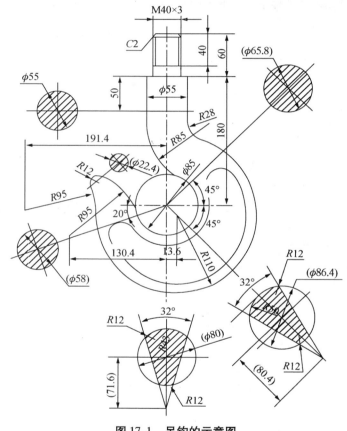

图 17-1　吊钩的示意图

任务分析

吊钩的造型大致分为以下步骤：首先，绘制吊钩草图（包括轮廓曲线和截面曲线）；其次，创建吊钩曲面（包括钩体曲面和端部平面）；再次，将曲面缝合成实体；最后，创建钩柄圆柱与螺纹，如图 17-2 所示。

操作步骤

1. 新建文件

新建一个 NX 文件，名称为 "lifting hook"。

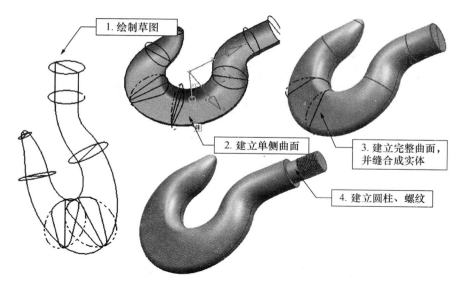

图 17-2　吊钩的造型步骤

2. 绘制吊钩轮廓曲线

以 XC-ZC 平面作为草图平面绘制吊钩轮廓曲线草图 1，步骤如下。

（1）绘制钩柄 4 条直线和勾体 4 条通过坐标原点的直线，如图 17-3 所示。

（2）绘制钩体两条圆弧，如图 17-4 所示。

（3）绘制钩角两条圆弧，如图 17-5 所示。

（4）倒圆角，如图 17-6 所示。

（5）绘制钩鼻处两条直线，如图 17-7 所示。

（6）修剪曲线，得草图，如图 17-8 所示。

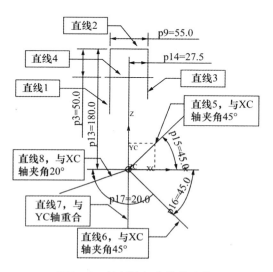

图 17-3　绘制钩柄和钩体直线

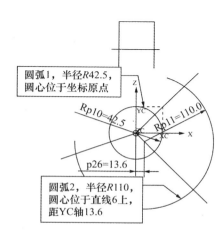

图 17-4　绘制钩体圆弧

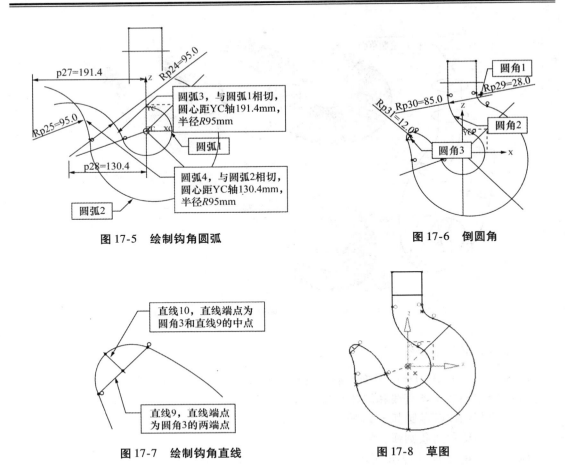

图 17-5　绘制钩角圆弧　　　　　　　图 17-6　倒圆角

图 17-7　绘制钩角直线　　　　　　　图 17-8　草图

3. 创建基准平面

使用【基准平面】命令 □ 创建 7 个基准平面，如图 17-9 所示，具体方法如下。

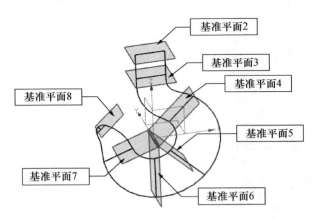

图 17-9　创建的基准平面

（1）使用【等距】选项创建距离 XC-YC 平面为 180 mm、130 mm 的基准平面 2 和基准平面 3。

（2）按照图 17-10 所示的步骤操作，创建基准平面 4。按照相同的方法，创建基准平面 5、6、7。

（3）按照图 17-11 所示的步骤操作，创建基准平面 8。

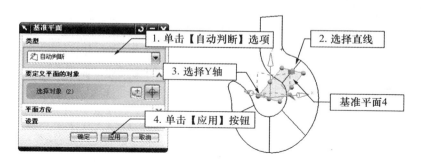

图 17-10　创建基准平面 4 步骤

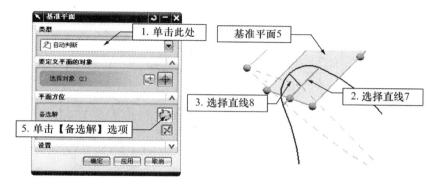

图 17-11　创建基准平面 8 步骤

4. 绘制吊钩截面曲线

（1）绘制钩体截面草图 1 至草图 5。分别以基准平面 2、3、4、7、8 为草图平面，以基准平面所在的线段为直径绘制圆，创建 5 个草图，如图 17-12 所示。

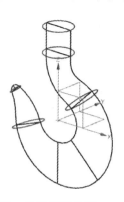

图 17-12　钩体截面草图 1～草图 5

（2）绘制钩体截面草图6。以基准平面5为草图平面，按照图17-13所示的步骤操作，绘制钩体截面草图6。按照类似的方法，以基准平面6作为草图平面绘制钩体截面草图7。

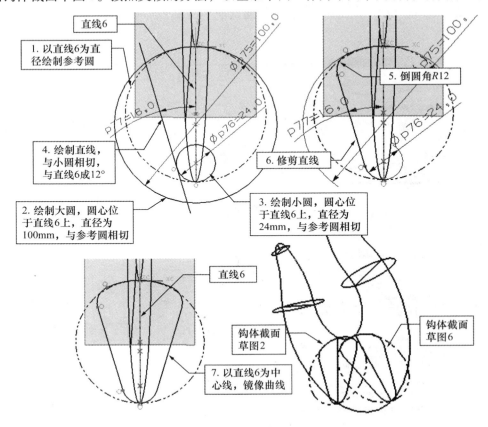

图 17-13　钩体截面草图 6

5. 创建吊钩曲面1

（1）创建拉伸曲面。使用【拉伸】命令创建曲面1和曲面2，如图17-14所示。

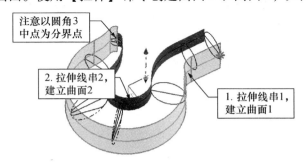

图 17-14　创建拉伸曲面步骤

（2）创建吊钩曲面1。在【曲面】工具条中单击【通过曲线网格】按钮，按照图17-15所示的步骤操作，选择截面曲线和轮廓曲线创建吊钩曲面1。

（3）隐藏拉伸曲面1和曲面2。

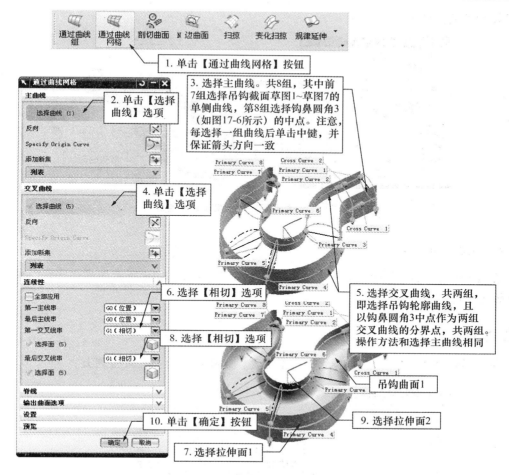

图 17-15　【通过曲线网格】对话框和绘制吊钩曲面 1

6. 创建吊钩曲面 2

在【特征】工具条中单击【镜像体】按钮 ，按照图 17-16 所示的步骤操作，创建吊钩的另一侧曲面 2，如图 17-17 所示。

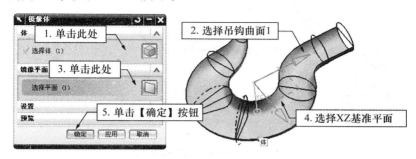

图 17-16　镜像吊钩曲面 2

7. 创建吊钩曲面 3

在【曲面】工具条中单击【N 边曲面】按钮 ，按照图 17-17 所示的步骤操作，创建吊钩端部的曲面3。

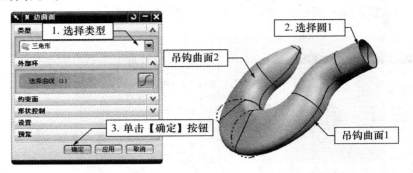

图 17-17　【N 边曲面】对话框和吊钩曲面3

8. 创建吊钩实体

在【特征】工具条中单击【缝合】按钮，按照图 17-18 所示的步骤操作，将吊钩 3 个曲面缝合为实体。

工程师提示

如果不能将曲面缝合为实体，可将【设置】选项组中的公差数值调大。

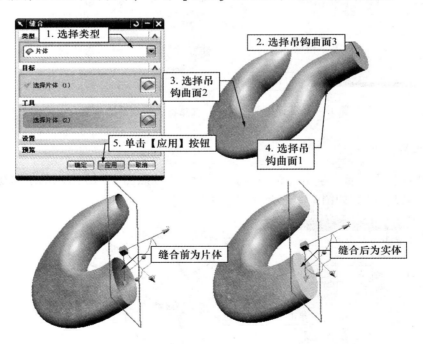

图 17-18　创建吊钩实体步骤

9. 创建端部螺纹

（1）创建端部圆柱。使用【拉伸】命令在吊钩钩柄处创建一个圆柱，直径为 $\phi40$ mm，高度为 60 mm。

（2）倒斜角。使用【倒斜角】命令对钩柄处的圆柱倒斜角。

（3）创建螺纹。使用【螺纹】命令按照图 17-19 所示的步骤操作创建螺纹。

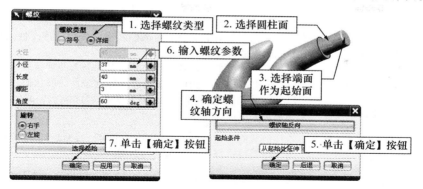

图 17-19　创建螺纹步骤

10. 保存文件

隐藏基准坐标系和草图，然后保存文件。

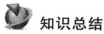 **知识总结**

◆ 通过曲线网格

使用通过曲线网格命令可通过一个方向的截面网格和另一方向的引导线创建体，其中形状配合穿过曲线网格。

此命令使用成组的主曲线和交叉曲线来创建双三次曲面。每组曲线都必须连续，各组主曲线必须大致平行，且各组交叉曲线也必须大致平行。可以使用点而非曲线作为第一个或最后一个主集。【通过曲线网格】对话框如图 17-15 所示，其中主要参数如表 17-1 所示。

表 17-1　【通过曲线网格】对话框参数解释

选 项 组	选项名称	选项值与描述
主曲线	选择曲线或点	用于选择包含曲线、边或点的主截面集 必须至少选择两个主集 只能为第一个与最后一个集选择点 必须以连续顺序选择这些集，即从一侧到另一侧，且它们必须指向相同
	指定原始曲线	选择封闭曲线环时，用于更改原点曲线
	列表	向模型中添加主截面集时，列出这些主截面集 使用上移、下移或移除列表按钮，可以对它们重排序或将其删除
交叉曲线	选择曲线	用于选择包含曲线或边的横截面集 如果所有选定的主截面都是闭环，则可以为第一组和最后一组横截面选择相同的曲线，以创建封闭体
连续性	—	用于在第一个主截面和/或最后一个主截面，以及第一个横截面与最后一个横截面处选择约束面，并指定连续性。可以沿公共边或在面的内部约束网格曲面

续表

选项组	选项名称	选项值与描述
	全部应用	将相同的连续性设置应用于第一个及最后一个截面
	第一主线串	用于为第一个与最后一个主截面及横截面设置连续性约束，以控制与输入曲线有关的曲面的精度
	最后主线串	【G0（位置）】——位置连续公差。距离公差的默认值
	第一交叉线串	【G1（相切）】——相切连续公差。角度公差的默认值
	最后交叉线串	【G2（曲率）】——曲率连续公差。默认值为相对公差的 0.1 或百分之十。如果选中全部应用复选框，则选择一个便可更新所有设置
	🔲选择面	将任何截面的连续性设置为 G1（相切）或 G2（曲率）时显示。用于按需要选择一个或多个约束面
脊线	🔳选择曲线	用于选择脊线来控制横截面的参数化。仅当第一个与最后一个主截面是平的面时可用。脊线通过强制 U 参数线垂直于该脊线，可以提高曲面光顺度。脊线必须：足够长，以同所有横截面相交；垂直于第一个与最后一个主截面；不垂直于横截面
输出曲面选项	着重	指定曲面穿过主曲线或交叉曲线，或这两条曲线的平均线。此选项仅在主曲线与交叉曲线对不相交时才适用。【两者皆是】——主曲线和交叉曲线有同等效果。【主曲线】——主曲线发挥更多的作用。【交叉曲线】——交叉曲线发挥更多的作用
	构造	用于指定创建曲面的构造方法。【正常】——使用标准步骤构建曲线网格曲面。与其他方法相比，需要使用更多补片来创建曲面。【样条点】——使用输入曲线的点及这些点的相切值来创建曲面。【简单】——不论是否指定约束，都会创建曲面。这可以构建在补片与数模方面尽可能最简单的曲面。这些截面必须具有相似的简单数模
	🔳选择主模板/选择交叉模板	用于为主截面与横截面选择模板曲线。可以为两个方向选择相同的曲线。仅当构造设置为简单时，此项才可用
设置	体类型	用于为"通过曲线网格"特征指定片体或实体。要获取实体，截面线串必须形成闭环
	重新构建	通过重新定义主截面与横截面的阶次和/或段数，构造高质量的曲面。仅当输出曲面选项组中的构造设置为法向时，此项才可用。【无】——关闭重新构建。【阶次和公差】——使用指定的阶次重新构建曲面，指定的阶次在 U 和 V 向有效。较高阶次的曲线通常会降低不希望的曲率拐点和突变的可能性。NX 按需插入结点，以实现 G0、G1 和 G2 的公差设置。【自动拟合】——在指定的最高次数与最大段数范围内创建尽可能光顺的曲面。NX 尝试重新构建曲面而不会一直添段，直至最高次数
	公差	指定相交与连续选项的公差值，以控制有关输入曲线的和重新构建的曲面的精度。【相交】——指定主截面与横截面的非相交集之间的最大可接受距离。NX 将显示出错消息，并高亮显示不正确的截面对（最多可达 4 对）。同时，值必须大于零。其余的连续性选项与连续性组中的选项相同

◆ N 边曲面

使用 N 边曲面命令，可以创建由一组端点相连的曲线封闭的曲面。【N 边曲面】对话框如图 17-17 所示，其中主要参数如表 17-2 所示。

表 17-2　【N 边曲面】对话框参数解释

选 项 组	选项名称	选项值与描述
类型	类型列表	用于指定可创建的 N 边曲面的类型 【已修剪】——创建单个曲面，可覆盖所选曲线或边的闭环内的整个区域 【三角形】——在所选曲线或边的闭环内创建由单独的、三角形补片构成的曲面，每个补片都包含每条边和公共中心点之间的三角形区域
外环	∫ 选择曲线	用于选择曲线或边的闭环作为 N 边曲面的构造边界 闭环代表新曲面的边界的轮廓，它可以由任何数目的曲线或边组成 如果选择切向连续的相邻曲线或边，则可能得到错误曲面，特别是在创建已修剪类型的 N 边曲面时尤其如此
约束面	🗔 选择面	用于选择面以将相切及曲率约束添加到新曲面中 选择约束面以自动将曲面的位置、切线及曲率同该面相匹配。当选择约束面时，N 边曲面 1 与该约束面 2 的曲率相匹配，如图 17-20（a）所示。当不选择约束面时，N 边曲面 1 是平的，如图 17-20（b）所示
UV 方位	UV 方位	用于指定构建新曲面的方向。如果不指定 UV 方位，则 NX 会自动生成曲面 【脊线】——使用脊线定义新曲面的 V 方位。新曲面的 U 向等参数线朝向垂直于选定脊线的方向 【矢量】——使用矢量定义新曲面的 V 方位。新 N 边曲面的 UV 方位沿给定的矢量方向 【面积】——用于创建连接边界曲线的新曲面
形状控制	形状控制	用于控制新曲面的连续性与平面度
	中心控制	用于脊线与矢量 UV 方位（在约束连续性为 G0（位置）时） 用于面积 UV 方位（在约束连续性为 G1（相切）并选择约束面时） 用于控制绕中心点的曲面的平面度
	约束	用于设置 N 边曲面的连续性，以同选定的约束面相匹配
设置	G0（位置）	指定位置连续公差。距离公差的默认值 曲面从输入曲线的偏离不会大于指定的值
	G1（相切）	指定相切连续公差。角度公差的默认值。 曲面从输入曲线的偏离不会大于指定的值

(a)　　　　　　　　　　　　　　(b)

1—N 边曲面；2—约束曲线

图 17-20　约束面的作用

思考练习

1. 参照图 17-21 ～ 图 17-26 所示的零件立体图构建曲线和曲面。

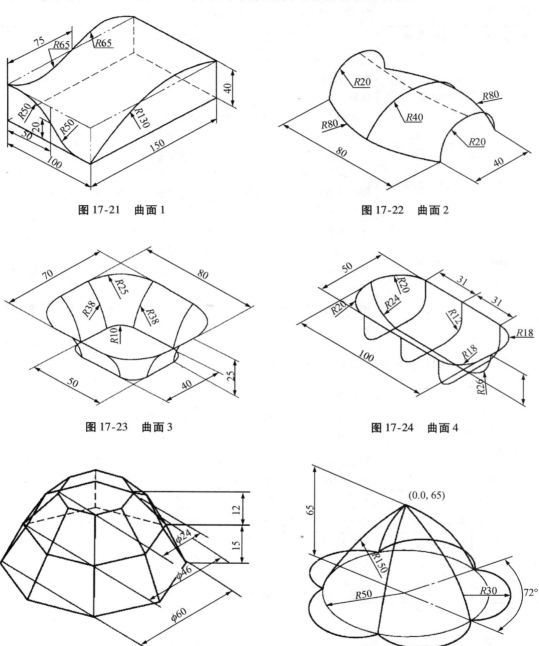

图 17-21　曲面 1　　　　　　　　　　图 17-22　曲面 2

图 17-23　曲面 3　　　　　　　　　　图 17-24　曲面 4

图 17-25　曲面 5　　　　　　　　　　图 17-26　曲面 6

2. 参照图 17-27 和图 17-28 所示的零件立体图创建三维实体。

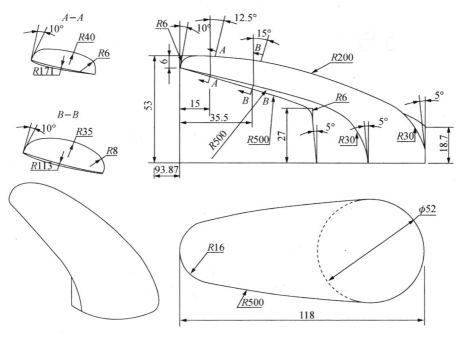

图 17-27　水龙头手柄

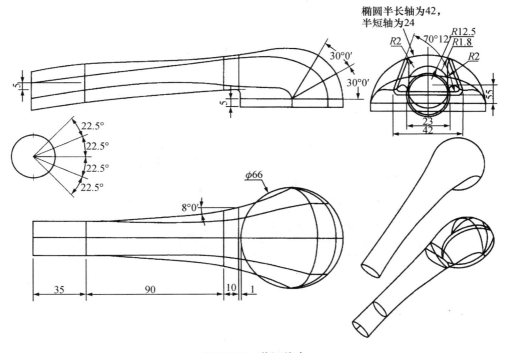

图 17-28　花洒外壳

项目 18　齿轮泵的装配造型

学习目标

通过学习图 18-1 和图 18-2 所示齿轮泵（零件明细如表 18-1 所示）的装配造型，掌握添加组件、组件阵列、镜像装配等操作组件的命令，掌握常用装配约束方法，以及 GB 零件库的调用，能进行自底向上的装配和爆炸图的生成。

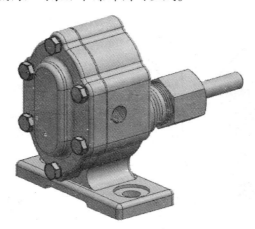

图 18-1　齿轮泵的装配模型

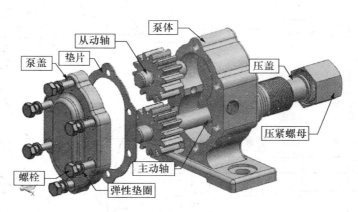

图 18-2　齿轮泵的爆炸视图

表 18-1　齿轮泵装配零件明细表

序　号	零件名称	数　量	备　注
1	泵体	1	参见图 10-1
2	主动轴	1	参见图 6-1
3	从动轴	1	参见图 6-7
4	垫片	1	厚度 1 mm

续表

序　号	零件名称	数　量	备　注
5	泵盖	1	参见图 10-13
6	弹性垫圈 6	6	GB/T 97—1983
7	螺栓 M6×20	6	GB/T 5780—2000
8	压紧螺母	1	参见图 5-9
9	压盖	1	参见图 5-10

任务分析

齿轮泵的装配采用自底向上的装配方法，大致分为以下步骤：首先，先装配泵体；其次，装配两个齿轮轴；再次，装配垫片和泵盖；最后，装配紧固件（螺栓、压盖和压紧螺母）。

操作步骤

1. 新建文件

新建一个 NX 文件，名称为"gear pump"。

2. 启动装配模块

在【标准】工具条中单击【开始】按钮 ，然后单击【装配】选项，之后将在标准显示界面下方显示【装配】工具条，如图 18-3 所示。

图 18-3　【装配】工具条

3. 装配泵体

在【装配】工具条中单击【添加组件】按钮 ，弹出【添加组件】对话框，按照图 18-4 所示步骤操作，装配齿轮泵的泵体。

工程师提示

- 装配第 1 个零件时选择【绝对原点】的定位方式，第 2 个及此后零件的装配选择【通过约束】的定位方式。
- 添加组件时，指定引用集为【模型】可以减少零件信息量，提高显示效果和速度。

4. 装配主动轴

（1）添加组件。在【装配】工具条中单击【添加组件】按钮 ，弹出【添加组件】对话框，按照图 18-4 步骤，打开主动轴零件，设置【定位方式】为【通过约束】，单击【确定】按钮后将弹出【装配约束】对话框，如图 18-5 所示。

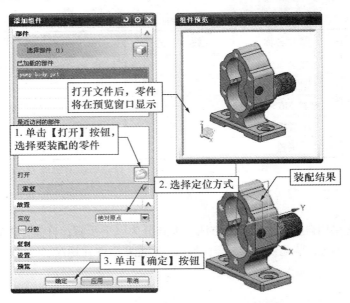

图 18-4　【添加组件】对话框和装配泵体步骤

（2）约束组件。

① 约束中心重合。按照图 18-5 所示的步骤操作，选择【接触对齐】|【自动判断中心】的约束类型，约束轴与孔中心重合。

② 约束面面接触。按照图 18-6 所示的步骤操作，选择【接触对齐】|【接触】的约束类型，约束齿轮侧面与泵体内腔侧面相接触。

5. 装配从动轴

按照上述步骤装配从动轴。

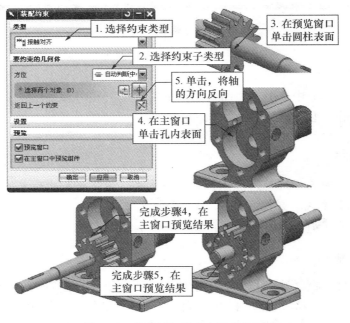

图 18-5　约束轴与孔中心重合步骤

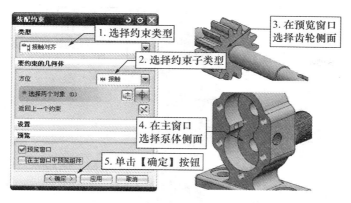

图 18-6　约束面与面接触步骤

6. 装配垫片

使用【接触对齐】|【接触】的约束类型，约束垫片与泵体侧面接触。再使用【接触对齐】|【自动判断中心】的约束类型，约束两对垫片螺钉过孔与泵体螺纹孔中心重合。

7. 装配泵盖

使用【接触对齐】|【接触】的约束类型，约束泵盖侧面与垫片侧面接触。再使用【接触对齐】|【自动判断中心】的约束类型，约束两对泵盖沉头孔与垫片螺钉过孔中心重合。

工程师提示

在步骤 6 和步骤 7 中，使用【接触对齐】|【接触】的约束类型，虽然能够将垫片和泵盖装配到指定位置，但还是建议再一次使用【接触对齐】|【自动判断中心】的约束类型，约束两对垫片螺钉过孔、泵盖沉头孔与泵体螺纹孔中心重合，目的是约束所有的自由度，这样才符合实际的装配情况。

8. 装配弹簧垫圈

（1）添加弹簧垫圈。在【资源条】中单击【重用库】按钮，显示重用库列表，按照图 18-7 所示的步骤操作，把弹簧垫圈添加到绘图区。

（2）约束弹簧垫圈。在【装配】工具条中单击【装配约束】按钮，弹出【装配约束】对话框，把弹簧垫圈约束到沉孔，如图 18-7 所示。

9. 装配螺栓

按照上述步骤，在【重用库】|【国家标准件库】中选择【六角头螺栓】进行装配，结果如图 18-8 所示。

10. 阵列装配弹簧垫圈和螺栓

在【装配】工具条中单击【组件阵列】按钮，弹出【类选择】对话框，按照图 18-9 所示的步骤操作，对弹簧垫圈和螺栓进行阵列装配。

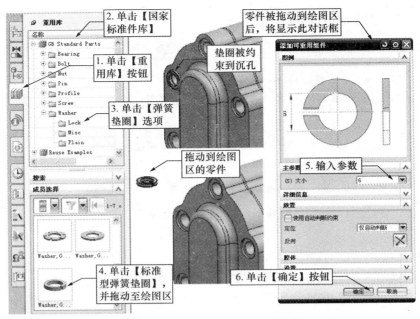

图 18-7   【重用库】导航器和装配弹簧垫圈步骤

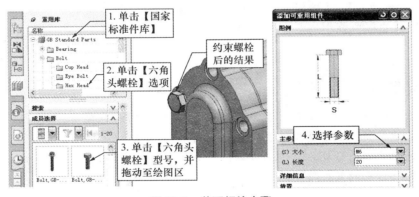

图 18-8   装配螺栓步骤

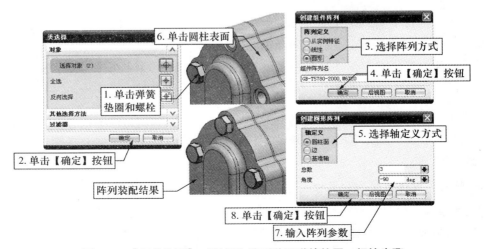

图 18-9   【组件阵列】对话框和阵列装配弹簧垫圈、螺栓步骤

![工程师提示图标] **工程师提示**

当装配模型中存在一些按照一定规律分布的相同组件时，可以先添加一个组件，然后通过组件阵列方式添加其他组件。

11. 镜像装配弹簧垫圈和螺栓

在【装配】工具条中单击【镜像装配】按钮，弹出【镜像装配向导】对话框，按以下步骤操作，镜像装配其余的弹簧垫圈和螺栓，如图 18-10 所示。

（1）在欢迎使用【镜像装配向导】对话框中，单击【下一步】按钮。

（2）选择镜像组件。在绘图区选择 3 组螺栓和弹簧垫圈，单击【下一步】按钮。

（3）选择镜像平面。在绘图区选择 XY 基准平面，单击【下一步】按钮。

（4）镜像设置。用于选择镜像类型，直接单击【下一步】按钮。

（5）镜像预览。单击【完成】按钮，完成装配。

图 18-10　【镜像装配向导】界面和镜像装配步骤

![工程师提示图标] **工程师提示**

镜像装配用于创建具有对称结构的零件装配。此时只需建立产品一侧的装配，然后利用镜像装配功能建立另一侧装配即可。

12. 装配压盖

参照主动轴的装配步骤，装配压盖。

13. 装配压紧螺母

参照主动轴的装配步骤，装配压紧螺母。

14. 创建爆炸视图

在【装配】工具条中单击【爆炸图】按钮，弹出【爆炸图】工具条，如图 18-11 所示。

图 18-11 【爆炸图】工具条

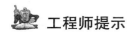 **工程师提示**

爆炸图是在装配模型中，组件按装配关系偏离原来位置的拆分图形。创建爆炸图可以方便查看装配中的零件，零件之间的装配关系，以及包含的组件数量。

（1）创建爆炸图。在【爆炸图】工具条中单击【创建爆炸图】按钮，弹出【创建爆炸图】对话框。在对话框中，输入爆炸图名称或接受默认名称，单击【确定】按钮将创建一个新的爆炸图。

工程师提示

- 创建爆炸图只是新建一个爆炸图，并不涉及爆炸图的具体参数。
- 当创建爆炸图时，可以看到所生成的爆炸图与原来的装配图没有任何变化，其原因在于没有设置爆炸距离。具体的爆炸图参数要在编辑爆炸图中进行设置。

（2）编辑爆炸图。在【爆炸图】工具条中单击【编辑爆炸图】按钮，弹出【编辑爆炸图】对话框，按照图 18-12 所示的步骤操作，调整螺栓、弹簧垫圈和泵盖之间的距离。按照相同的方法，编辑其他零件的位置。最终的爆炸视图如图 18-2 所示。

工程师提示

编辑爆炸图可以调整组件之间的距离。采用自动爆炸，一般不能得到理想的爆炸效果，故需要利用编辑爆炸图功能进行调整。

（3）取消爆炸图。在【爆炸图】工具条中单击【取消爆炸组件】按钮，选择要复位的零件，单击【确定】按钮，被选择的组件将回到原来的位置。

（4）删除爆炸图。在【爆炸图】工具条中单击【删除爆炸图】按钮，弹出【删除爆炸图】对话框，在列表框中选择要删除的爆炸图即可实现删除。

（5）退出爆炸图。在【爆炸图】工具条下拉菜单中，选择【无爆炸】选项，将退出爆炸图，返回装配环境。

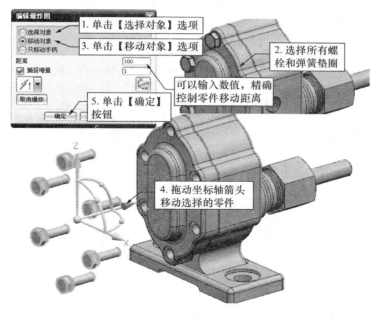

图 18-12　编辑爆炸图的步骤

15. 保存文件

隐藏基准坐标系，然后保存文件。

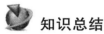 **知识总结**

◆ NX 装配介绍

装配就是将多个零件按照实际生成流程组装成一个部件或完整产品的过程。

NX 的装配方法包括自底向上的装配、自顶向下的装配和混合装配。自底向上的装配，是先创建每个零件，再组合成子装配，最后生成总装配部件的装配方法。自顶向下的装配，是在装配部件的顶级向下产生子装配和部件（即零件）的装配方法。混合装配，是将自顶向下的装配和从底向上的装配结合在一起的装配方法。

◆ 添加组件

组件是指装配中所引用的部件，它可以是单个部件（即零件），也可以是一个子装配体。使用添加组件命令可以将一个或多个组件部件添加到工作部件中。组件是由装配部件引用而不是复制到装配部件中。【添加组件】对话框如图 18-4 所示，主要参数如表 18-2 所示。

表 18-2　【添加组件】对话框参数解释

选 项 组	选项名称	选项值与描述
部件	选择部件	可供选择要添加到工作部件中的一个或多个部件
	已加载的部件	列出当前已加载的部件
	最近访问的部件	列出最近添加的部件
	打开	打开部件名对话框，可供选择要添加到工作部件的一个或多个部件
	重复	【数量框】——设置已添加部件的实例数

选 项 组	选项名称	选项值与描述
放置	定位	设置已添加组件的定位方法： 【绝对原点】——将组件放置在绝对点（0，0，0）上 【选择原点】——将组件放置在所选的点上。将显示点对话框用于选择点 【通过约束】——在指定初始位置后，打开装配约束对话框 【移动组件】——在定义初始位置后，可移动已添加的组件
	分散复选框	选中该复选框后，可自动将组件放置在各个位置，以使组件不重叠
复制	多重添加	确定是否要添加多个组件实例： 【无】——仅添加一个组件实例 【添加后重复】——用于立即添加一个新添加组件的其他实例 【添加后生成阵列】——用于创建新添加组件的阵列。如果要添加多个组件，则此选项不可用
设置	名称	将当前所选组件的名称设置为指定的名称。如果要添加多个组件，则此选项不可用
	引用集	设置已添加组件的引用集 引用集是用户在零部件中定义的部分几何对象（如零部件名称、原点、方向、几何体、坐标系、基准轴、基准平面和属性等），它有模型、整个部件和空 3 种类型 【模型】——引用集只包含实际模型几何体（实体和片体），不包含构造几何体（草图、基准和工具实体） 【整个部件】——引用集包含实际模型几何体（实体和片体）和构造几何体（草图、基准和工具实体） 【空】——引用集不包含任何实际模型几何体（实体和片体）和构造几何体（草图、基准和工具实体）
	图层选项	设置要向其中添加组件和几何体的图层
	图层	设置组件和几何体的图层。当图层选项是按指定的时，此项出现

◆ 装配约束

装配约束是指对要添加的组件通过约束进行定位，使组件在装配体中有一个确切的位置。【装配约束】对话框如图 18-5 所示，主要参数如表 18-3 所示。

表 18-3 【装配约束】对话框参数解释

选 项 组	选项名称	选项值与描述
类型	—	指定装配约束的类型。最常用的约束类型如表 18-4 所示
要约束的几何体	方位	仅在类型为接触对齐时，此项才出现。用于按以下方式影响接触对齐约束可能的解： 【首选接触】——当接触和对齐解都可能时显示接触约束。在大多数模型中，接触约束比对齐约束更常用 【接触】——约束对象，使其曲面法向在反方向上 【对齐】——约束对象，使其曲面法向在相同的方向上 【自动判断中心/轴】——指定在选择圆柱面、圆锥面或球面或圆形边界时，NX 将自动使用对象的中心或轴作为约束
	子类型	仅在类型为角度或中心时，此项才出现 ◆ 仅角度时，指定角度约束是： 【3D 角】——在不需要已定义的旋转轴的情况下在两个对象之间进行测量。3D 角度约束的值小于或等于 180° 【定位角】——使用选定的旋转轴测量两个对象之间的角度约束。它可支持最大 360°的旋转

选　项　组	选项名称	选项值与描述
		◆ 仅中心时，指定中心约束是：
		【1 对 2】——使一个对象在一对对象间居中
		【2 对 1】——使一对对象沿着另一个对象居中
		【2 对 2】——使两个对象在一对对象间居中
	轴向几何体	仅在类型为中心并且子类型为 1 对 2 或 2 对 1 时，此项才出现
		指定当选择了一个面（圆柱面、圆锥面或球面）或圆形边界时，NX 所用的中心约束
		【使用几何体】——使用面（圆柱面、圆锥面或球面）或边界作为约束
		【自动判断中心/轴】——使用对象的中心或轴
	⊕选择对象	用于选择对象作为约束
	⊞点构造器	仅在类型为中心、拟合、接触对齐或距离时，此项才出现
		打开点构造器可定义约束的点
	创建约束	仅在类型为胶合时，此项才出现。
		将选定的对象胶合在一起，使它们作为刚体移动
	⊠返回上一个约束	仅当一个约束有两个解算方案时，此项可用
		显示约束的其他解算方案
	↻循环上一个约束	当存在两个以上的解时，仅对距离约束此项出现
		用于在距离约束的可能的解之间循环
角度	角度	仅在类型设置为角度时、选择对象之后，此项出现
		指定选定对象之间的角度
距离	距离	指定选定对象之间的距离。仅在类型设置为距离时选择对象之后，此项出现
设置	布置	指定约束如何影响其他布置中的组件定位：
		【使用组件属性】——指定组件属性对话框的参数页上的布置设置确定位置。布置设置可以是单独地定位，也可以是位置全部相同
		【应用到已使用的】——指定将约束应用于当前已使用的布置
	动态定位	指定 NX 解算约束，并在创建约束时移动组件
		如果未选中动态定位复选框，则在单击装配约束对话框中的确定或应用之前，NX 不解算约束或移动对象
	关联	指定在关闭装配约束对话框时，将约束添加到装配。在保存组件时将保存约束
		在清除关联复选框后所创建的约束是瞬态的。在单击确定以退出对话框或单击应用时，它们将被删除
		定义装配约束时，关联复选框的状态决定了该约束是否关联。可定义多个关联和非关联装配约束，然后单击【确定】或【应用】按钮
	移动曲线和管线布置对象	在约束中使用管线布置对象和相关曲线时移动它们

表 18-4　常用的装配约束类型

约束类型	子类型	描述
ⅢⅡ 接触对齐	—	接触对齐是约束两个组件，使它们彼此接触或对齐 接触对齐是最常用的约束
	首选接触	自动判断接触类型。当接触和对齐解都可能时，显示接触约束。（在大多数模型中，接触约束比对齐约束更常用）
	接触	定义两个相同类型的约束对象，使它们相互贴合 对于平面对象，两平面共面但法向相反 对于圆柱面对象，可使两圆柱面（要求直径相等）贴合 对于圆锥面，可使两圆锥面（要求锥角相等）贴合
	对齐	定义两个平面对象位于同一个平面内，其法线方向相同，对于轴对称对象，其轴线重合
	自动判断中心/轴	定义两个圆柱面的轴线重合
◎ 同心	—	约束两个组件的圆形边或椭圆形边，以使中心重合，并使边的平面共面
ⅢⅡ 距离	—	指定两个对象之间的最小 3D 距离。距离可正可负，距离的正负确定对象在指定对象的哪一侧
固定	—	将组件固定在其当前位置上
平行	—	将两个对象的方向矢量定义为相互平行
垂直	—	将两个对象的方向矢量定义为相互垂直
拟合	—	将半径相等的两个圆柱面结合在一起。此约束对确定孔中销或螺栓的位置很有用。 如果以后半径变为不等，则该约束无效
胶合	—	将组件"焊接"在一起，使它们作为刚体移动。胶合约束只能应用于组件，或组件和装配级的几何体，其他对象不可选
ⅢⅡ 中心	—	使一对对象之间的一个或两个对象居中，或使一对对象沿另一个对象居中
	1 对 2	将添加组件的一个对象的中心线定位到装配体中两个对象的中心线上
	2 对 1	将添加组件两个对象的对称中心线定位到装配体中一个对象的中心线上
	2 对 2	将组件两个对象与装配体中两个对象成对称布置
角度	—	定义两个对象间的角度尺寸

◆ 重用库导航器

重用库导航器是一个 NX 资源工具，类似于装配导航器或部件导航器，它以分层树结构显示可重用对象，如图 18-13 所示，面板上各位置含义如表 18-5 所示。

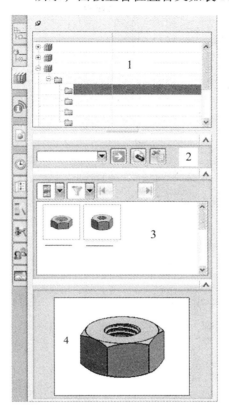

图 18-13　【重用库导航器】面板

表 18-5　【重用库导航器】面板含义

序　号	面板名称	描　　述
1	主面板	显示库容器、文件夹及其包含的子文件夹
2	搜索面板	用于搜索对象、文件夹和库容器
3	成员选择面板	显示所选文件夹中的对象和子文件夹，并在执行搜索时显示搜索结果
4	预览面板	显示成员选择面板中所选对象的已保存预览

通过可重用库导航器可以访问 NX 机械零件库，调用 GB 标准件库中的轴承、螺栓、螺钉、螺母、销钉、垫片、结构件等共 280 个常用标准零件，并将其作为组件添加到装配中。

思考练习

1. 参照图 18-14 ～18-18 所示的微型调节支撑的零件工程图创建三维实体，再参照表 18-6 装配模型进行装配。

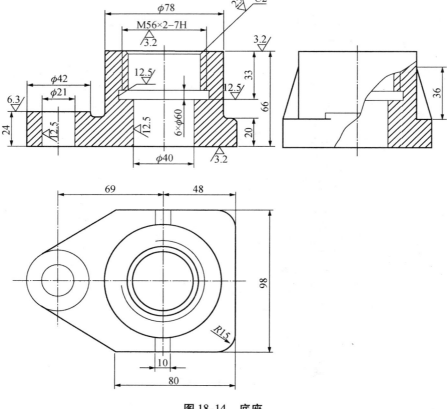

图 18-14　底座

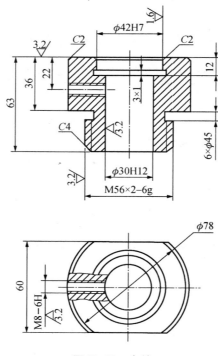

图 18-15　套筒

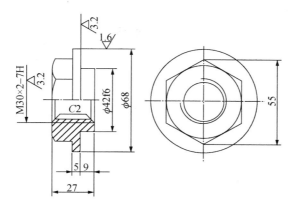

图 18-16　调节螺母

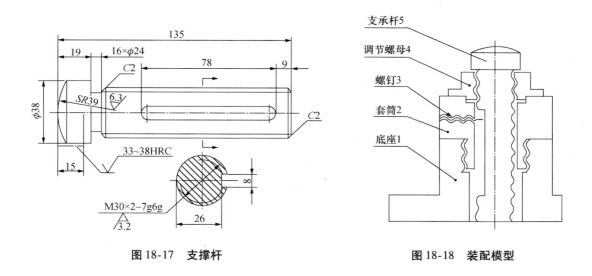

图 18-17　支撑杆　　　　　图 18-18　装配模型

表 18-6　微型调节支撑零件明细表

序　号	零件名称	图　号	数　量
1	底座	图 18-14	1
2	套筒	图 18-15	1
3	螺钉		1
4	调节螺母	图 18-16	1
5	支撑杆	图 18-17	1

　　2. 参照图 18-19～18-27 所示的铣刀头的零件工程图创建三维实体，再参照表 18-7 所示的装配模型和零件明细表进行装配。

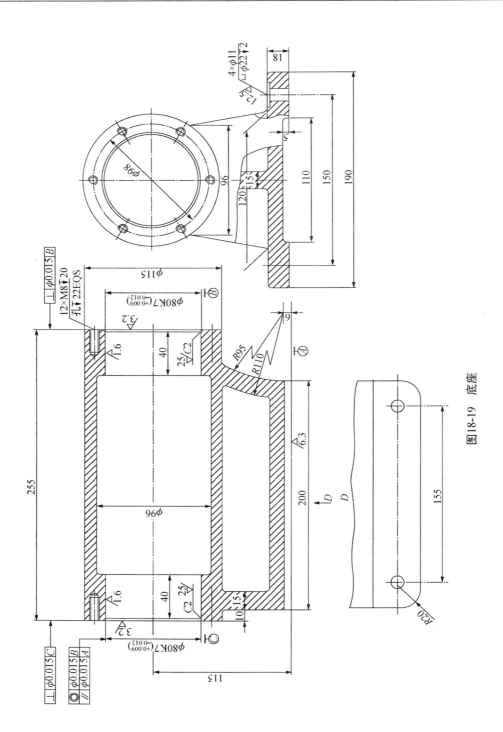

图18-19　底座

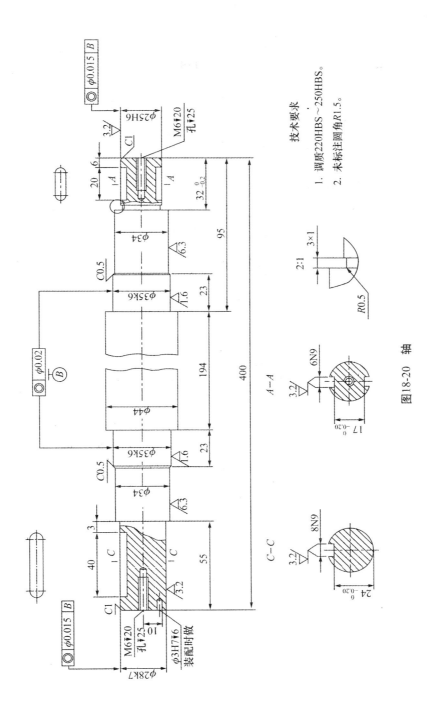

图18-20　轴

技术要求
1. 调质220HBS～250HBS。
2. 未标注圆角R1.5。

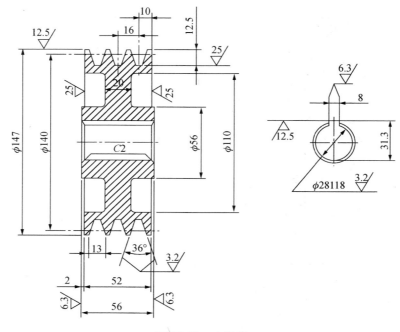

图 18-21   皮带轮

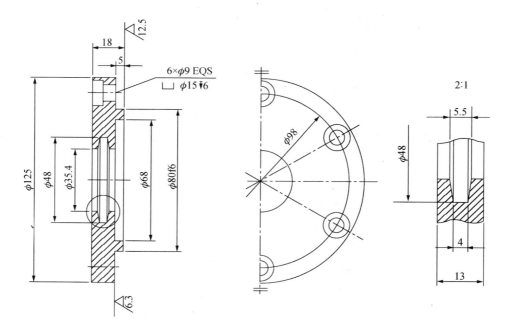

图 18-22   端盖

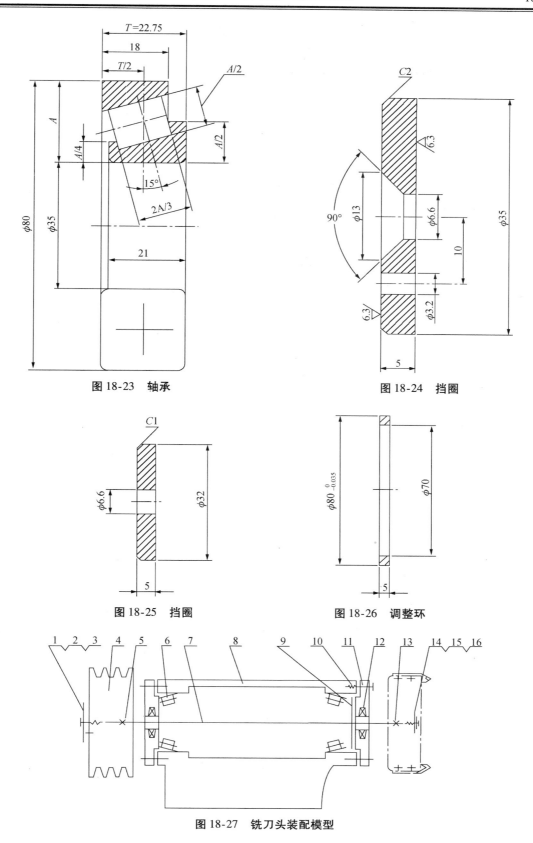

图 18-23 轴承

图 18-24 挡圈

图 18-25 挡圈

图 18-26 调整环

图 18-27 铣刀头装配模型

表 18-7　铣刀头零件明细表

序　号	零件名称	图　号	数　量	备　注
1	挡圈 35	题图 18-11	1	GB/T 891—1986
2	螺钉 M6×8		1	GB/T 68—2000
3	销 3M6×12		1	GB/T 119.1—2000
4	皮带轮 A 型	题图 18-8	1	
5	键		1	GB/T 1096—1997—8
6	轴承 30307	题图 18-10	2	GB/T 297—1994
7	轴	题图 18-7	1	
8	底座	题图 18-6	1	
9	调整环	题图 18-13	1	
10	螺钉 M8×22		12	GB/T 70.1—2000
11	端盖	题图 18-9	2	
12	毡圈		2	
13	键 6×20		2	GB/T 1096—1979
14	挡圈 B32	题图 18-12	1	GB/T 891—1986
15	螺栓 M6×20		1	GB/T 5782—2000
16	垫圈 6		1	GB/T 93—1987

项目 19　阀体的工程图

学习目标

通过学习图 9-1 所示阀体零件工程图的绘制，了解绘制工程图的一般过程，掌握新建图纸页、基本视图、投影视图、剖视图、半剖视图等创建方法，掌握图纸尺寸、形位公差、表面粗糙度符号、文字注释等标注方法，掌握图框、标题栏的创建方法，能进行中等复杂零件工程图的绘制。

任务分析

阀体工程图的绘制大致分为以下步骤：首先，设置图纸参数；其次，添加各个视图；再次，标注尺寸、形位公差和技术要求；最后，添加图纸边框和填写标题栏。

操作步骤

1. 打开文件

打开阀体模型文件"valve body"，【另存为】一个 NX 文件，名称为"valve body-drawing"。

2. 进入制图模块

在【标准】工具条中单击【开始】按钮 ，单击【制图】选项 制图(D)… ，进入【制图】界面，如图 19-1 所示。

图 19-1　【NX 8】制图界面

3. 设置图纸参数

在【图纸】工具条中单击【新建图纸页】按钮 ▣，弹出【图纸页】对话框，按照图 19-2 所示的步骤操作，设置图纸参数。

图 19-2 【图纸页】对话框和设置图纸参数

🛠 工程师提示

- 选择【标准尺寸】方式确定图纸大小时，可在下拉列表中选择需要的图纸规格。
- 按照我国的制图标准，应选择第一角投影和毫米单位。

4. 预设置

（1）隐藏视图边界。在菜单条中单击【首选项】|【制图】，弹出【制图首选项】对话框，按照图 19-3 所示的步骤操作隐藏视图边界框。

（2）显示隐藏线和隐藏光顺边。在菜单条中单击【首选项】|【视图】，弹出【视图首选项】对话框，按照图 19-4 所示的步骤操作，显示隐藏线和隐藏光顺边。

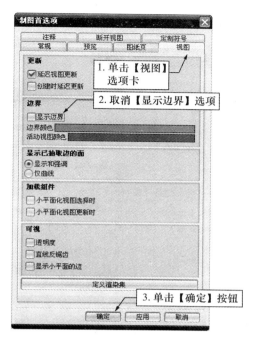

图 19-3 隐藏视图边界框

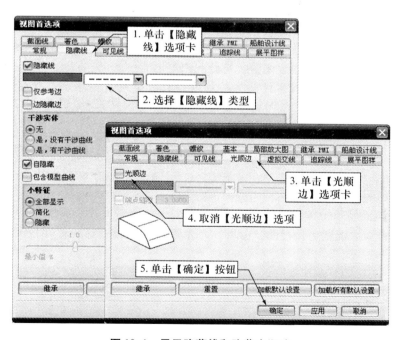

图 19-4 显示隐藏线和隐藏光顺边

 工程师提示

在创建工程图之前通常要进行预设置,使之符合企业制图标准。

5. 创建基本视图

在【图纸】工具条中单击【基本视图】按钮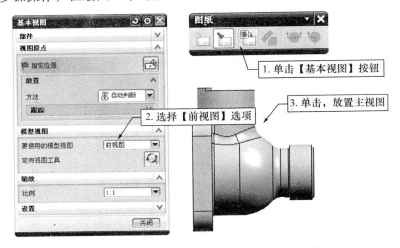，弹出【基本视图】对话框，按照图 19-5 所示的步骤操作，在绘图区单击放置基本视图。

图 19-5 【基本视图】对话框和创建基本视图步骤

工程师提示

- 基本视图是零件向基本投影面投影所得的图形，它可以是零件模型的主视图、后视图、俯视图、仰视图、左视图、右视图、等轴测图等。
- 使用基本命令可将保存在部件中的任何标准建模或定制视图添加到图纸页中。单个图纸页可能包含一个或多个基本视图。从基本视图中可创建关联的子视图，如投影视图、剖视图和局部放大图等。
- 在生成工程图时，应该尽量生成能反映实体模型的主要形状特征的基本视图。

6. 创建投影视图

在【图纸】工具条中单击【投影视图】按钮，弹出【投影视图】对话框，系统自动选择已创建的基本视图为父视图，分别在基本视图右侧和下部放置左视图和俯视图，如图 19-6 所示。

工程师提示

- 通常，单一的基本视图很难表达清楚一个复杂的实体模型。所以添加基本视图后，还需要添加相应的投影视图。
- 添加基本视图后，如继续拖动鼠标，可添加基本视图的其他投影视图。若已退出添加基本视图操作，可在【图纸】工具条中单击【投影视图】按钮，打开【投影视图】对话框。利用该对话框，可以对投影视图的放置位置、放置方法以及反转视图方向等进行设置。

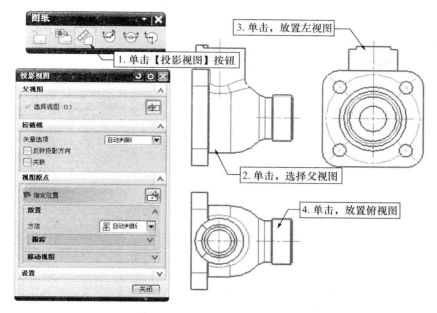

图 19-6 【投影视图】对话框和创建投影视图步骤

7. 创建剖视图

（1）确定剖切位置。在【图纸】工具条中单击【剖视图】按钮 ，弹出【剖视图】工具条，按照图 19-7 所示的步骤 1～3 操作，选择俯视图作为父视图，单击圆心作为剖切位置点。

（2）修改剖切线样式。在【剖视图】工具条中单击【剖切线型】按钮 ，弹出【剖切线型】对话框，按照图 19-7 所示的步骤 4～5 操作，修改剖切线样式。

（3）放置剖视图。按照图 19-7 所示的步骤 6～7 操作，在绘图区单击鼠标放置剖视图，再删除基本视图。然后用鼠标拖动剖视图边框，使剖视图与父视图、左视图对齐。

工程师提示

● 当零件的内部结构较为复杂时，视图中就会出现较多的虚线，致使图形表达不够清晰。这时可以使用剖切视图工具建立剖视图，以便更清晰、更准确地表达零件内部的结构特征。

● 剖视图包括全剖视图、半剖视图、旋转剖视图和局部剖视图等。

8. 创建半剖视图

（1）确定剖切位置。在【图纸】工具条中单击【半剖视图】按钮 ，弹出【半剖视图】工具条，选择俯视图作为父视图，单击圆心作为剖切位置点，再单击圆心作为折弯位置点，如图 19-8 所示。

（2）确定半剖视图方位和投影方向。在【半剖视图】工具条中单击【剖切现有视图】按钮 ，再单击【反向】按钮 ，最后在绘图区单击【左视图】，将实现对左视图的剖切，如图 19-9 所示。

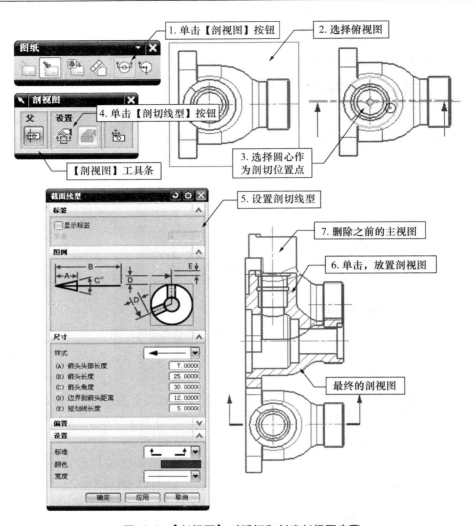

图 19-7　【剖视图】对话框和创建剖视图步骤

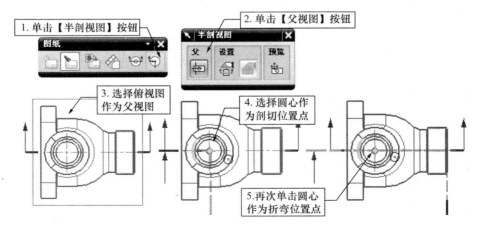

图 19-8　确定半剖视图剖切位置步骤

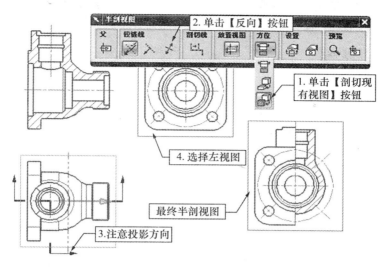

图 19-9　创建半剖视图步骤

9. 设置尺寸标注样式

在菜单条中单击【首选项】|【注释】，弹出【注释首选项】对话框。按照图 19-10 ～
图 19-13 所示的步骤操作，设置【尺寸】、【直线/箭头】、【文字】、【单位】等选项。

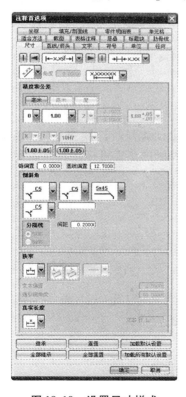

图 19-10　设置尺寸样式

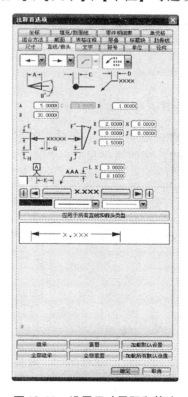

图 19-11　设置尺寸界限和箭头

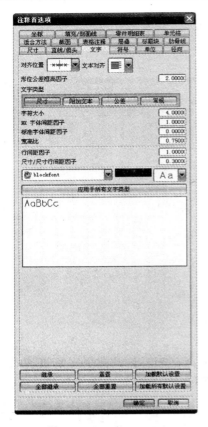

图 19-12　设置文字格式

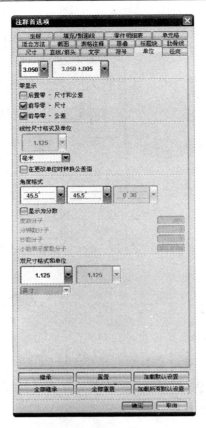

图 19-13　设置单位格式

10. 标注水平和竖直尺寸

（1）标注基本尺寸。在【尺寸】工具条中单击【自动判断】按钮，在绘图区选择两竖直线，标注水平尺寸，如图 19-14 所示。按照相同的步骤可标注其他竖直尺寸。

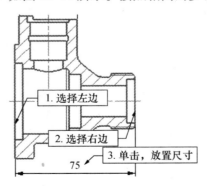

图 19-14　标注水平尺寸步骤

（2）标注公差尺寸。在【尺寸】工具条中单击【自动判断】按钮，按照图 19-15 所示的步骤标注公差尺寸。首先，选择尺寸边界线；其次，右击，从快捷菜单中选择【公差类型】；再次，右击，选择【公差】，输入公差值"-0.13"；最后单击放置尺寸完成标注。

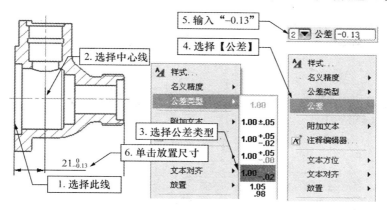

图 19-15　标注公差尺寸步骤

11. 标注圆弧尺寸

（1）标注直径尺寸。在【尺寸】工具条中单击【自动判断】按钮 右侧下拉箭头，单击【直径】按钮，在绘图区选择圆弧标注直径，如图 19-16 中 1 所示。

（2）标注半径尺寸。在【尺寸】工具条中单击【自动判断】按钮 右侧下拉箭头，单击【过圆心半径】按钮，在绘图区选择圆弧标注半径，如图 19-16 中 2 所示。

（3）标注圆柱尺寸。在【尺寸】工具条中单击【圆柱】按钮，在绘图区选择尺寸边界线，标注圆柱尺寸，如图 19-17 所示。需要注意的是，必须选择线，而不能选择点。

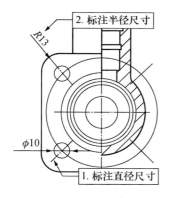

图 19-16　标注圆弧尺寸

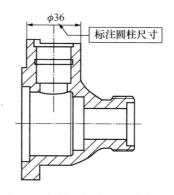

图 19-17　标注圆柱尺寸

（4）标注球面半径尺寸。在【尺寸】工具条中单击【自动判断】按钮 右侧下拉箭头，单击【过圆心半径】按钮，按照图 19-18 所示的步骤操作。在绘图区选择要标注尺寸的圆弧，然后右击；在快捷菜单中依次单击【名义精度】|【1】，再次右击；在快捷菜单中依次单击【附加文本】|【在前面】，在对话框中输入"S"。

12. 标注倒角尺寸

在【尺寸】工具条中单击【自动判断】按钮 右侧下拉箭头，单击【倒斜角】按钮，在绘图区选择要标注尺寸的倒角，结果如图 19-19 所示。

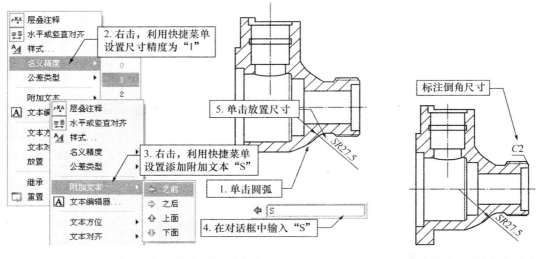

图 19-18　标注圆柱尺寸步骤　　　　　　　　图 19-19　标注倒角尺寸

13. 标注螺纹尺寸

在【尺寸】工具条中单击【自动判断】按钮，按照图 19-20 所示的步骤操作，标注螺纹尺寸。

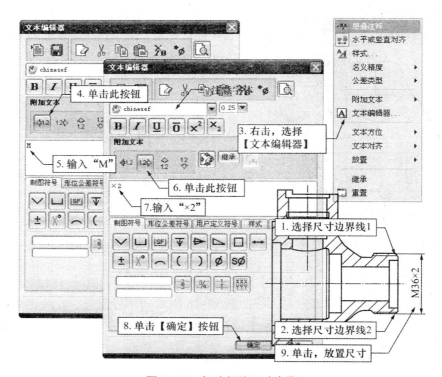

图 19-20　标注螺纹尺寸步骤

14. 标注表面粗糙度符号

在【注释】工具条中单击【表面粗糙度符号】按钮 √，弹出【表面粗糙度】对话框，按照图 19-21 所示的步骤操作，标注表面粗糙度。

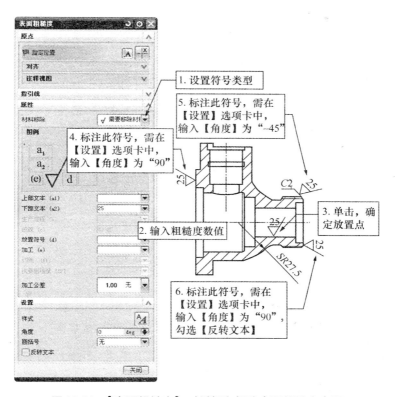

图 19-21　【表面粗糙度】对话框和标注表面粗糙度步骤

15. 标注形位公差

在【注释】工具条中单击【特征控制框】按钮，将弹出【特征控制框】对话框，按照图 19-22 所示的步骤操作，标注形位公差。

16. 标注基准符号

在【注释】工具条中单击【基准特征符号】按钮，将弹出【基准特征符号】对话框，按照图 19-23 所示的步骤操作，标注基准符号。

17. 填写技术要求

在【注释】工具条中单击【注释】按钮，将弹出【注释】对话框，按照图 19-24 所示输入文字后，在绘图区的合适位置单击放置文本。

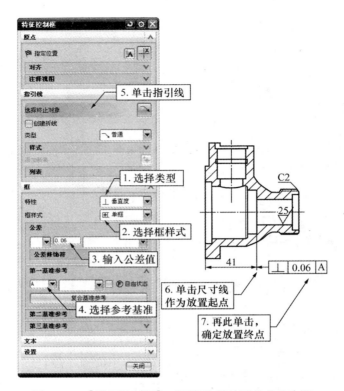

图 19-22 【特征控制框】对话框和标注形位公差步骤

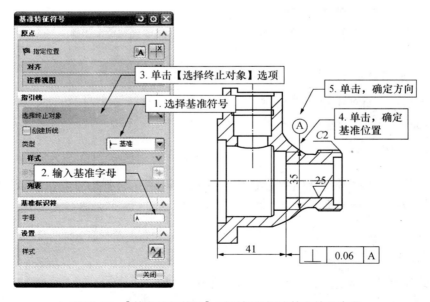

图 19-23 【基准特征符号】对话框和标注基准符号步骤

图 19-24 【注释】对话框和填写技术要求步骤

18. 绘制图纸边框

在【图纸格式】工具条中单击【边界和区域】按钮，弹出【边界和区域】对话框，如图 19-25 所示。按照图 19-25 所示的步骤设置参数创建图纸边框，如图 19-26 所示。

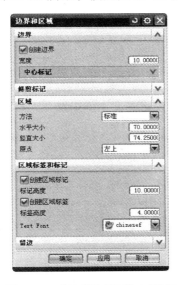

图 19-25 【边界和区域】对话框

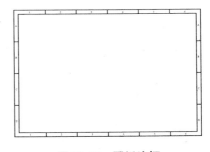

图 19-26 图纸边框

 工程师提示

也可以使用【草图工具】工具条中的【直线】、【派生线】等命令，绘制纸边框。

19. 创建标题栏

（1）自动创建表格。在【表格】工具条中单击【表格注释】按钮 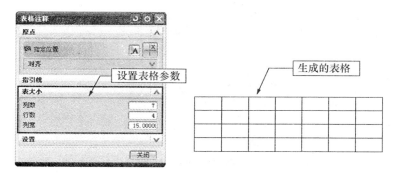，弹出【表格注释】对话框，按照图 19-27 所示的步骤操作，输入表格参数，将生成一个随着光标一起移动的表格，然后在绘图区合适位置单击放置表格。

图 19-27　创建表格

（2）改变单元格尺寸。按照以下的步骤操作调整表格尺寸参数，设置表格的行高为 8 mm，从左至右各列宽度依次为 15 mm、25 mm、25 mm、15 mm、15 mm、15 mm、25 mm。

① 改变单元格列宽。按照图 19-28 所示的步骤操作，调整一列单元格的宽度。首先在表格中选择一个要改变列宽的单元格，右击，在快捷菜单中依次单击【选择】|【列】，将选中整列单元格；然后再次右击，在快捷菜单中选择【调整大小】，在弹出的文本框中输入 "15"，则将调整被选中列的宽度。按类似的步骤调整表格其他各列的宽度。

② 改变单元格高度。选择表格所有单元格，右击，在快捷菜单中依次单击【选择】|【行】，再次右击，在快捷菜单中选择【调整大小】，在弹出的文本框中输入 "8"，则将调整表格各行的高度。

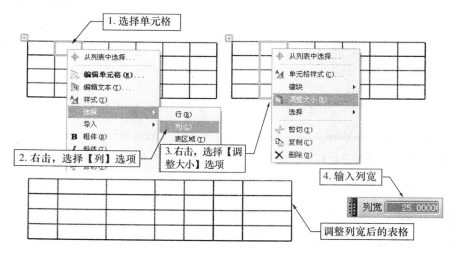

图 19-28　改变单元格宽度步骤

（3）合并单元格。选中预合并的单元格，右击，在快捷菜单中选择【合并单元格】，完成指定单元格的合并。最终的表格形式如图 19-29 所示。

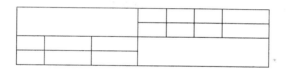

图 19-29 最终的表格形式

（4）添加文字。按照图 19-30 所示的内容填写标题栏。双击某一个单元格，在弹出的文本框中直接输入文字即可。

阀体			比例	1:1	图号	
			数量		材料	
制图						
审核						

图 19-30 添加文字

（5）确定标题栏的位置。用鼠标拖动标题栏，放置于图纸边框右下角。

 工程师提示

使用【制图工具】—【GC 工具箱】工具条中的【替换模板】命令 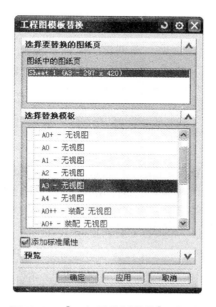，可以快速建立图纸边框和标题栏。【工程图模板替换】和图纸边框、标题栏如图 19-31 和图 19-32 所示。

图 19-31 【工程图模板替换】对话框

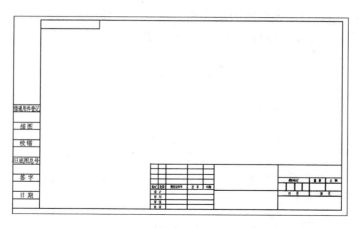

图 19-32　GC 工具箱提供的图纸边框和标题栏

20. 保存文件

完成整套图纸的标注，然后保存文件。

 知识总结

◆ NX 制图介绍

在 NX 制图应用模块中可以直接利用 3D 模型或装配部件生成并保存符合行业标准的工程图纸，而且图纸与模型完全关联，对模型所做的任何更改都会在图纸中自动反映出来。制图应用模块还提供一组满足 2D 中心设计和布局要求的 2D 图纸工具，可用于生成独立的 2D 图纸。

利用现有 3D 模型创建图纸的一般过程如下。

（1）设置制图标准和图纸首选项。在创建图纸前，建议先设置新图纸的制图标准、制图视图首选项和注释首选项。设置后，所有新创建的视图和注释都将保持一致，并具有适当的视觉特性和符号体系。

（2）新建图纸。创建图纸的第一步是新建图纸页，可以直接在当前的工作部件中创建图纸页，也可以先创建包含模型几何体（作为组件）的非主模型图纸部件，进而创建图纸页。

（3）添加视图。使用 NX 能够创建单个视图或同时创建多个视图。所有视图均直接派生自实体模型，并可用于创建其他视图，例如剖视图和局部放大图。基本视图将决定所有投影视图的正交空间和视图对齐。

（4）添加注释。将视图放在图纸上之后，即可添加注释。尺寸标注、符号等注释与视图中的几何体相关联。移动视图时，相关联的注释也将一起移动。如果对模型进行了编辑，则尺寸标注和符号会更新以反映所做的更改。也可以选择在图纸上添加注释和标签；对于装配图纸，还可以添加零件明细表。

（5）打印与装配。对于已完成的图纸，可以利用 NX 直接进行打印，或者制造部门可以直接使用包含图纸的部件进行部件装配。

◆ NX 制图工具条

在 NX 制图应用模块提供了强大的视图操作、尺寸标注等工具。

（1）图纸工具条。【图纸】工具条如图 19-33 所示，它提供图纸页选项和视图选项，主要命令如表 19-1 所示。图纸页选项用于创建、打开和显示图纸页。视图选项用于添加所有视图样式并管理视图位置和边界。它还提供一个用于在制图视图和建模视图之间切换的选项。

图 19-33　【图纸】工具条

表 19-1　【图纸】工具条命令解释

名　称	描　述
新建图纸页	使用图纸页对话框新建一个图纸页
显示图纸页	用于在模型视图和图纸视图之间切换
打开图纸页	用于打开现有的图纸页
视图创建向导	启动视图创建向导。快速向图纸页添加一个或多个制图视图，可简化添加视图的过程
基本视图	用于将基本视图添加到图纸页
标准视图	用于将多个标准视图添加到图纸页
投影视图	用于从现有制图视图创建投影视图或辅助视图
局部放大图	用于从现有制图视图创建局部放大图。局部放大图与其父视图完全关联，对模型几何体做出的任何更改将立即反映在局部放大图中
剖视图	用于从现有制图视图创建简单/阶梯剖视图
半剖视图	用于从现有制图视图创建半剖视图
旋转剖视图	用于从现有制图视图创建旋转剖视图
局部剖视图	打开局部剖对话框，创建、编辑或删除局部剖视图
断开视图	启动断开视图对话框，创建、修改和更新断开视图
图纸视图	把一个空视图添加到图纸页中。此视图可以用来创建包含在某个视图中的 2D 几何体，而不是直接放在图纸页上
更新视图	用于通过更新视图对话框手动更新选定的制图视图
视图首选项	打开视图首选项对话框

（2）尺寸工具条。【尺寸】工具条如图 19-34 所示，它提供的选项可用于创建所有尺寸类型，主要命令如表 19-2 所示。

图 19-34　【尺寸】工具条

表 19-2　【尺寸】工具条命令解释

名　　称	描　　述
制图尺寸下拉列表	用于从尺寸命令列表中选择命令
水平	用于在两点之间仅创建水平尺寸
竖直	用于在两点之间仅创建竖直尺寸
平行	用于在两点之间仅创建距离最短的平行尺寸
垂直	用于在直线与点之间或在中心线与点之间仅创建垂直尺寸
倒斜角	仅为 45° 倒斜角创建倒斜角尺寸
角度	用于在两条非平行直线之间仅创建角度尺寸
圆柱	用于在两个对象之间仅创建圆柱尺寸，或创建表示圆柱轮廓的点尺寸
孔	用于为圆形特征仅创建孔尺寸
直径	用于为圆形特征仅创建直径尺寸
半径	用于为圆弧仅创建半径尺寸
带折线的半径	仅为非常大的圆弧创建半径尺寸，并显示从表示圆弧中心的用户定义点向外延伸的折线
厚度	仅为两条曲线间距离创建厚度尺寸
弧长	仅为表示拱形圆周距离的圆弧创建长度尺寸
周长	仅对草图曲线可用。用于创建周长尺寸约束
特征参数	用于将孔和螺纹参数或草图尺寸添加到现有制图视图中
水平链	用于创建多个连续水平尺寸
竖直链	用于创建多个连续竖直尺寸
水平基线	用于创建一系列从公共基线测量的水平尺寸
竖直基线	用于创建一系列从公共基线测量的竖直尺寸
制图链/基线尺寸下拉列表	用于从链和基线尺寸命令列表中选择命令
坐标	用于创建坐标尺寸

（3）注释工具条。【注释】工具条如图 19-35 所示，它提供的选项可用于添加或编辑符号、文本、剖面线、区域填充和光栅图像，主要命令如表 19-3 所示。还有一些命令可以使特征尺寸和草图尺寸实例继承到的图纸中。

图 19-35　【注释】工具条

表 19-3　【注释】工具条命令解释

名　称	描　述
注释	打开【注释】对话框，创建注释和标签
特征控制框	打开【特征控制框】对话框，创建并编辑"形位公差特征控制框（FCF）"注释
基准特征符号	打开【基准特征符号】对话框，创建并编辑形位公差基准特征符号
基准目标	打开【基准目标】对话框，创建并编辑形位公差基准目标符号
标识符号	打开【标识符号】对话框，创建 ID 符号并放在图纸上
表面粗糙度符号	打开【表面粗糙度】对话框，创建表面粗糙度符号并放在图纸上
焊接符号	打开【焊接符号】对话框，在图纸上创建并编辑焊接符号
目标点符号	打开【目标点符号】对话框，创建目标点符号并放在图纸上
相交符号	打开【相交符号】对话框，创建相交符号并放在图纸上
剖面线	打开【剖面线】对话框，在已定义的边界内指定剖面线图样
区域填充	打开【区域填充】对话框，在已定义的边界内指定区域填充图样
中心线下拉列表	用于从中心线命令列表中选择命令 中心标记：用于在一个或多个点或圆弧上创建中心标记符号 螺栓圆中心线：用于创建通过点或圆弧的完整或不完整螺栓圆中心线 圆形中心线：用于创建通过点或圆弧的完整或不完整圆形中心线 对称中心线：用于在图纸上创建对称中心线，以指明几何体中的对称位置 2D 中心线：用于从曲线或控制点创建 2D 中心线 3D 中心线：用于在扫掠或分析面上创建 3D 中心线 自动中心线：自动在所含孔或销轴与制图视图的平面垂直或平行的任何制图视图中创建中心线 偏置中心点符号：打开偏置中心点符号对话框，创建偏置中心点符号并放在图纸上
图像	打开插入图像对话框，选择要放在图纸上的 JPG 或 PNG 光栅图像

（4）表工具条。【表】工具条如图 19-36 所示，它提供的选项可用于创建并编辑零件明细表和表格注释，应用自动零件明细表标注，以及控制表格数据的导入和导出，主要命令如表 19-4 所示。

图 19-36　【表】工具条

表 19-4　【表】工具条命令解释

名　称	描　述
表格注释	用于插入常规空表格注释。在光标处放置该注释
零件明细表	用于插入零件的常规零件明细表和装配件的完整物料清单
自动符号标注	用于为零件明细表自动创建关联的符号标注
插入下拉列表	使用工具条选项箭头可选择以下选项之一： 上方插入行——在所选行的上方插入一行或多行 下方插入行——在所选行的下方插入一行或多行 插入标题行——在表的顶部或底部插入一个标题行 左边插入列——在所选列的左侧插入一列或多列 右边插入列——在所选列的右侧插入一列或多列
调整大小	通过屏显输入框调整所选列的宽度或所选行的高度
选择下拉列表	使用工具条选项箭头可选择以下选项之一： 选择单元格——选择所选行、列或表区域的单元格 选择行——选择所选单元格、列或表区域的行 选择列——选择所选单元格、行或表区域的列 选择表区域——选择包含所选单元格、行或列的表区域
合并或取消合并下拉列表	使用工具条选项箭头可选择以下选项之一： 合并单元格——合并所选单元格 取消合并单元格——将所选单元格恢复到合并前的原始状态

（5）图纸格式工具条。【图纸格式】工具条如图 19-37 所示，它提供的选项可用于创建定制图纸模板，主要命令如表 19-5 所示。

图 19-37　【图纸格式】工具条

表 19-5　【图纸格式】工具条命令解释

名　称	描　述
边界和区域	创建关联的图纸页边界和区域
标题块	通过组合多个表格注释创建定制标题块
填充标题块	在当前图纸中修改标题块的单元格值
标记为模板	将当前部件标记为图纸模板并捕获 pax 文件更新的输入

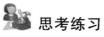 **思考练习**

1. 参照图 18-14 ～ 图 18-17 所示的微型调节支撑零件图生成二维工程图。
2. 参照图 18-19 ～ 图 18-27 所示的铣刀头零件图生成二维工程图。

参考文献

［1］ 史立峰. CAD/CAM 应用技术——UG NX 6.0 ［M］. 北京：化学工业出版社，2009.

［2］ 王咏梅. UG NX 6 中文版工业造型曲面设计案例解析 ［M］. 北京：清华工业出版社，2010.

［3］ 施建，胡建杰. UG NX 6.0 造型设计项目案例解析 ［M］. 北京：清华工业出版社，2009.

［4］ 袁锋. 计算机辅助设计与制造实训图库 ［M］. 北京：机械工业出版社，2007.

［5］ 冯辉. 机械制图与计算机绘图习题集 ［M］. 北京：人民邮电出版社，2010.

［6］ 项仁昌，王志泉. 机械制图与公差习题集 ［M］. 北京：清华大学出版社，2007.